MIKROSKOPE

1. Titelbild. Einige aus dem 17. und 18. Jahrhundert stammende Mikroskope aus den Sammlungen des Museum of the History of Science, Oxford. Hintere Reihe von links nach rechts: Italienisches zusammengesetztes Mikroskop aus Elfenbein, Pergament und Messing, signiert mit: »François Baillon à Milan«, um 1750; schottisches Stativ (Objekttisch fehlt) von John Finlayson aus Edinburgh, um 1740; alte Form des Culpeperschen Dreifuß-Mikroskops, um 1725; englisches Dreifuß-Mikroskop aus Pergament, Leder und Guajak-Holz, um 1690; ein weiteres englisches Dreifuß-Mikroskop in der Ausführung, wie sie von John Yarwell verkauft wurde, um 1680. Vordere Reihe von links nach rechts: Englisches einfaches Mikroskop vom »screw-barrel«-Typ samt Zubehör in einem Etui, signiert mit: »E. Culpeper Londini«, um 1710, links daneben liegen die Halter für undurchsichtige Objekte sowie die zugehörige, an ihrer Halterung befestigte Linse; deutsches botanisches Mikroskop aus Holz, 18. Jahrhundert; »Screw-barrel«-Mikroskop aus Messing auf einer Säule mit einem aus Elfenbein bestehenden zusammengesetzten Tubuskörper in Arbeitsstellung, signiert mit: »E. Culpeper Fecit«, um 1710; italienisches Taschenmikroskop in der Art der Campanischen Geräte, mit Etui, um 1720.

Mikroskope

GERALD TURNER

CALLWEY VERLAG MÜNCHEN

Dank

Für ihre Unterstützung bei meinen Studien zur Geschichte des Mikroskops möchte ich meinen Kollegen von der Universität Oxford sowie meinen Freunden in vielen Museen auf der ganzen Welt danken. Weiterhin bin ich Dr. Savile Bradbury, Dr. Brian Bracegirdle und Mr. R.G. Gowland für ihre speziellen Expertisen verpflichtet. Schließlich danke ich auch für die Reisebeihilfen, die mir von dem Wellcome Trust, der Nuffield Foundation sowie der Universität Oxford gewährt wurden.

Die folgenden Institutionen stellten freundlicherweise Abbildungen von Mikroskopen und Geschäftskarten zur Veröffentlichung in diesem Buch zur Verfügung: Deutsches Museum, München (Abb. 79), Royal Microscopical Society, Oxford (RMS) (Abb. 96), Royal Scottish Museum, Edinburgh (RSM) (Abb. 39 und 48), Science Museum, London (SM) (Abb. 50 und 51), Utrechts Universiteits Museum (Abb. 16), Whipple Museum of the History of Science, Cambridge (WMHS) (Abb. 37 und 102). Auf den übrigen Photographien sind Instrumente sowie gedrucktes Quellenmaterial aus dem Museum of the History of Science, Oxford (MHS) dargestellt.

Die Photographien wurden angefertigt von:
Brian Archer, Oxford: Abb. 21, 23, 92, 113.
Michael Dudley, Oxford: Titelbild.
Michael Fear, London: Abb. 22, 25, 26, 27, 28, 29, 30, 32, 34, 42, 43, 44, 45, 52, 55, 62, 63, 68, 69, 71, 72, 73, 75, 76, 77, 82, 84, 85, 86, 87, 88, 89, 90, 91, 93, 94, 97, 98, 103, 106.
Edward Leigh, Cambridge: Abb. 39 und 101.
Thomas Photos, Oxford: 38, 47, 49, 53, 60, 64, 67, 70, 78, 84, 96, 114.

Die deutsche Übersetzung besorgte Herr
Dr. Dieter Gerlach, Erlangen

Ein Studio Vista Buch, herausgegeben von
Cassell Ltd.
35 Red Lion Square, London WCIR 4SG und
Sydney, Auckland, Toronto, Johannesburg

Tochtergesellschaft der Macmillan Publishing
C. Inc., New York

Design Joop de Nijs gvn

Deutsche Erstausgabe 1981

CIP-Kurztitelaufnahme der Deutschen Bibliothek

Turner, Gerald:
Mikroskope / Gerald Turner.
[Aus d. Engl. von Dieter Gerlach]. –
München: Callwey, 1981.
(Christie's collectors series)
Einheitssacht.: Collecting microscopes <dt.>
ISBN 3-7667-0561-X

NE: Christie, Manson and Woods Ltd.
<London> :
Christie's collectors series

Gedruckt und gebunden in Italien durch
AMILCARE PIZZI ARTI GRAFICHE S.p.A.
CINISELLO B. (MILANO - ITALIA) - 1981

Inhalt

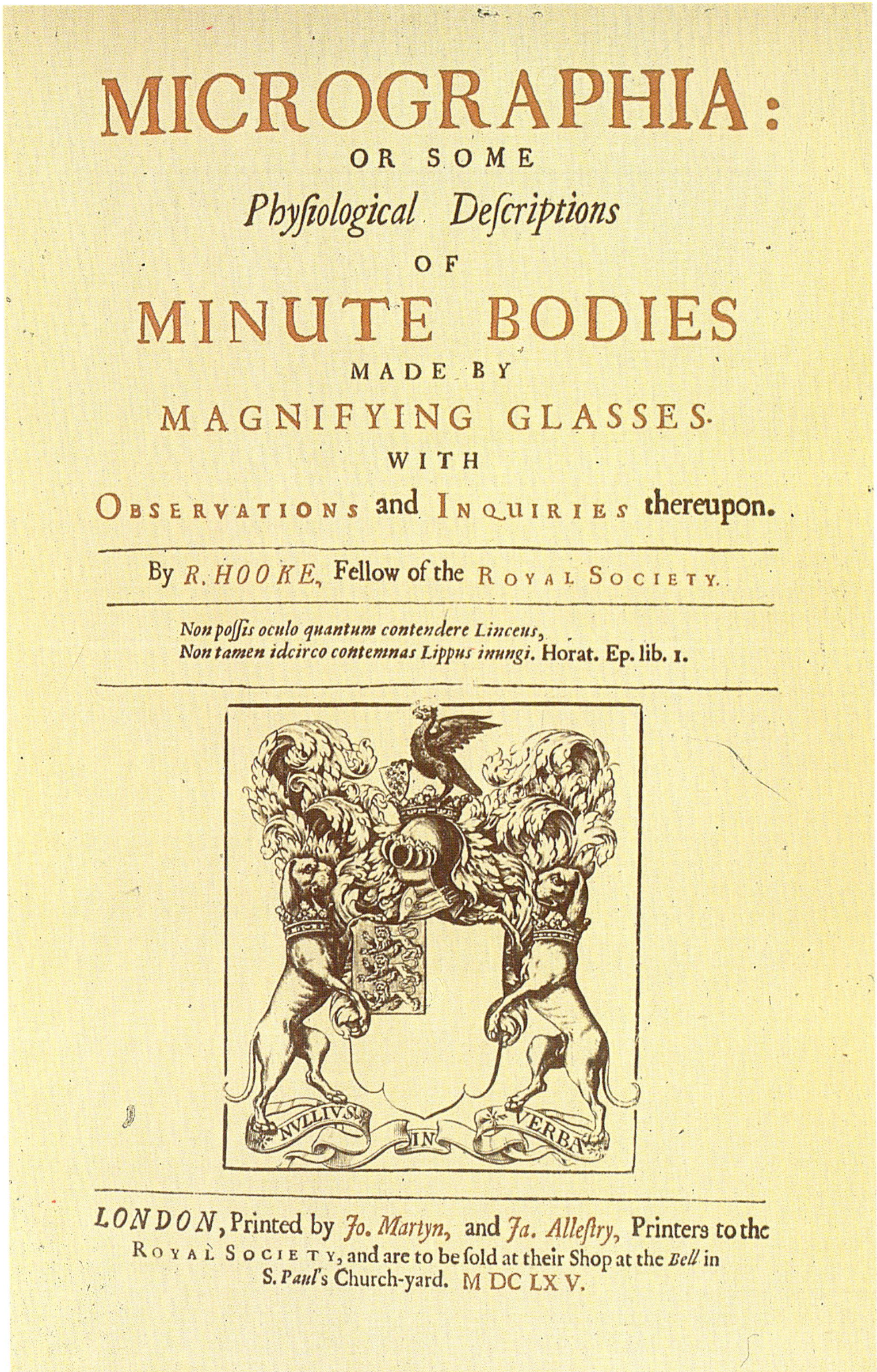

MICROGRAPHIA:
OR SOME
Physiological Descriptions
OF
MINUTE BODIES
MADE BY
MAGNIFYING GLASSES.
WITH
OBSERVATIONS and INQUIRIES thereupon.

By *R. HOOKE*, Fellow of the ROYAL SOCIETY.

Non possis oculo quantum contendere Linceus,
Non tamen idcirco contemnas Lippus inungi. Horat. Ep. lib. 1.

LONDON, Printed by *Jo. Martyn*, and *Ja. Allestry*, Printers to the ROYAL SOCIETY, and are to be sold at their Shop at the *Bell* in S. *Paul's* Church-yard. M DC LXV.

2. *Titelseite der ersten Auflage der »Micrographia« von Robert Hooke aus dem Jahre 1665. Samuel Pepys kaufte ein Exemplar davon am 20. Januar 1665.*

Einleitung

Zu Beginn des 17. Jahrhunderts kamen die ersten optischen Instrumente in Gebrauch. Es handelte sich dabei um das Fernrohr und das Mikroskop, die beide fast gleichzeitig von Brillenmachern erfunden wurden. Brillen selbst gelten ja gewöhnlich nicht als wissenschaftliche Instrumente, da ihre Aufgabe lediglich darin besteht, fehlsichtigen Personen die normale Sehfähigkeit zu verleihen. Somit lassen sich Brillen mit Krücken oder Hörhilfen vergleichen. In optischen Instrumenten sind Linsen so hintereinander angeordnet, daß man entweder weit entfernte Objekte (Fernrohr) oder die Welt des Allerkleinsten (Mikroskop) untersuchen kann. Durch diese Instrumente wurde der Mensch in die Lage versetzt, seine Welt wesentlich genauer zu beobachten. Er bekam damit Dinge direkt vor sein Auge geführt, die er vorher nicht einmal zu erahnen vermochte. Natürlich gibt es noch eine Vielzahl weiterer wissenschaftlicher Instrumente. Einige davon werden für Meßzwecke benutzt, so der Theodolit oder das Barometer. Andere Geräte, wie z.B. die Vakuumpumpe, sind erforderlich, um für bestimmte Untersuchungen geeignete Versuchsbedingungen zu schaffen.

Bis in die allerjüngste Zeit hinein war in die optischen Instrumente das menschliche Auge als ein unverzichtbarer Bestandteil zur Registrierung des Lichtes mit einbezogen. Die Leistungsfähigkeit des Auges ist beschränkt, da sein Auflösungsvermögen (d.h. die Fähigkeit, nebeneinanderliegende Details als getrennte Individuen wahrzunehmen) nur etwa eine Bogenminute beträgt. Die Beobachtungen, die der Mensch mit Fernrohren und Mikroskopen anstellte, zwangen ihn dazu, seine bisherigen Vorstellungen von der Welt zu revidieren. Das Fernrohr gestattete ihm, Planeten deutlicher zu sehen, deren Monde zu entdecken sowie neue, noch weiter entfernte Sterne zu erblicken. Aber die meisten dieser Beobachtungen paßten doch in eine bereits bestehende Vorstellungswelt – wenn man auch zugeben muß, daß das Fernrohr mit zur schnelleren Anerkennung des Kopernikanischen Weltbildes beitrug, wonach die Sonne und nicht die Erde den Mittelpunkt des Universums bildet.

Mit den Dimensionen, die sich durch das Mikroskop erschließen lassen, verhielt es sich dagegen ganz anders, denn der Mensch wußte damals noch sehr wenig über den Feinbau der Stoffe, die ihn umgaben, oder über die ungeheuere Mannigfaltigkeit an winzigen Lebewesen, die man beispielsweise in einem Tropfen Tümpelwasser entdecken kann. So fand das Fernrohr ziemlich schnell einen größeren Benutzerkreis, und zwar im praktischen Leben ebenso wie in einer Disziplin der reinen Wissenschaft, nämlich der Astronomie. Das Mikroskop benötigte dagegen länger, bis es sich durchgesetzt hatte. Es war eben nicht einfach, sich im Mikrokosmos zurechtzufinden und man hatte es außerdem mit dem Problem zu tun, das im Mikroskop Gesehene richtig zu dokumentieren und zu interpretieren. Zur wirklich effektiven Ausnutzung der Möglichkeiten, die das Mikroskop bietet, war die Photographie erforderlich, und diese stand erst im Jahre 1840 zur Verfügung. Immerhin fertigte man von den mikroskopisch kleinen Objekten Zeichnungen an und illustrierte die einschlägigen Bücher mit Kupferstichen, wie das bei dem bahnbrechenden Werk von Robert Hooke, der »Micrographia« aus dem Jahre 1665, der Fall war.

Das Lichtmikroskop hat unter den wissenschaftlichen Instrumenten eine einzigartige Bedeutung erlangt und stellt im 20. Jahrhundert geradezu das Symbol für die Naturwissenschaften dar. An sich ist das verständlich, weil es so viele verschiedene Fachrichtungen gibt, die das Mikroskop benutzen und die von der Medizin bis zur Geologie und von der Botanik bis zur Metallographie reichen. Bis zum heutigen Tag konnte es nicht einmal vom Elektronenmikroskop verdrängt werden.

Der Sammler alter Mikroskope befindet sich in einer besonders schönen Lage. Er genießt es als ein Erfolgserlebnis, wenn er eine derartige Antiquität aufgespürt hat, und ist anschließend glücklich, weil er

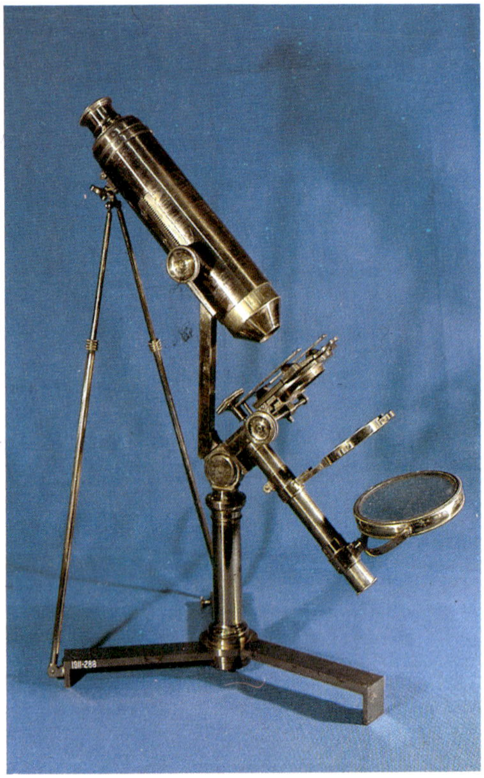

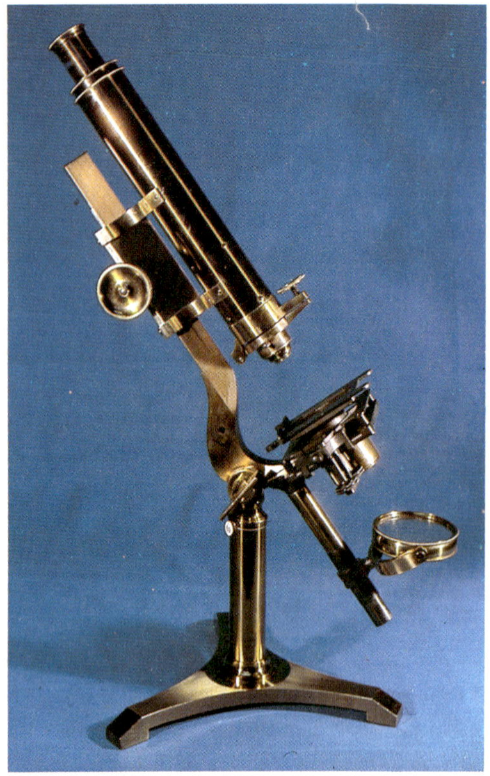

3 Ein Beispiel für ein zusammengesetztes Mikroskop, das nach den Konstruktionsunterlagen von J.J. Lister gefertigt wurde, mit Stützen zur Verstrebung des Tubus. Die Signatur lautet: »Tulley + Sons, Islington, LONDON«. Es stammt aus den frühen dreißiger Jahren des vorigen Jahrhunderts.

4 Ein zusammengestztes Mikroskop aus der Zeit um 1838 mit der auf dem Fuß befindlichen Signatur: »ANDw ROSS + Co Opticians, 33 Regent St Piccadilly«. Man beachte den am Tubusunterteil befondlichen Hebelmechanismus zur Feineinstellung und den Kreuztisch.

5 Eine Abbildung aus einem Katalog, der von der Firma Watson + Son Ltd im Jahre 1900 herausgegeben worden war, mit einer Darstellung des berühmten Stativs »Van-Heurck No. 1«. Es war dies das billigste von den drei Modellen der »Van-Heurck«-Serie, zu der noch das »Grand Model« sowie das »Circuit Stage« gehörten.

ein Stück hervorragender handwerklicher Arbeit aus einer vergangenen Zeit besitzt. Darüber hinaus kann er das Instrument wie dessen frühere Besitzer benutzen, um sein Wissen über die Natur zu erweitern. Ein Buch für Sammler alter Mikroskope muß deshalb sowohl ein Geschichtsbuch als auch ein Lehrbuch sein. Es muß die Entwicklung dieses Instrumentes beschreiben, seine Erfindung und die Abwandlungen, die sein Aussehen, aber auch die Rohstoffe erfahren haben, aus denen es hergestellt wurde. Die führenden Hersteller müssen ebenfalls ihren Platz in der Abhandlung einnehmen. Denn deren Namen können bei Datierungen helfen, ganz abgesehen davon, daß die technischen Leistungen dieser Männer ins rechte Licht zu rücken sind. Gleichzeitig muß geschildert werden, was das Mikroskop in der wissenschaftlichen Forschung geleistet hat und wie sich die Optik im Laufe der Zeit veränderte. Denn ein Sammler wäre wohl nicht damit zufrieden, wenn man sich bei der Würdigung seiner Mikroskope lediglich auf eine Beschreibung der schön bearbeiteten Glas- und Messingteile beschränken würde.

The Fine Adjustment to Substage and divisions to movements of Stage are Extras.

1 Die Optik des Mikroskops

Es ist merkwürdig, daß das einfache Mikroskop, das aus einer einzelnen, 10fach oder stärker vergrößernden Linse besteht, erst Verwendung fand, nachdem das zusammengesetzte Mikroskop erfunden worden war. Daraus wird abermals ersichtlich, daß man Brillengläser lediglich als Sehhilfen betrachtete, und deshalb kam auch niemand auf die Idee, einmal eine kleine, kurzbrennweitige Linse herzustellen. In einem zusammengesetzten Mikroskop werden zwei oder drei Linsen benutzt, die in einem starren Rohr in bestimmten Abständen voneinander montiert sind. Ein nach diesem Schema aufgebautes Mikroskop wurde etwa gleichzeitig mit dem Fernrohr erfunden, das ebenfalls aus zwei oder mehr Linsen besteht, die in einem Rohr befestigt sind. Während jedoch die Objektivlinse des Fernrohres eine lange Brennweite aufweist und zur Aufnahme von möglichst viel Licht einen relativ großen Durchmesser besitzen muß, haben die Mikroskopobjektivlinsen kurze Brennweiten und kleine Durchmesser. Bei beiden Instrumenten störten allerdings erhebliche Abbildungsfehler, und es verging eine lange Zeit, bis man sie auf ein erträgliches Maß herabmildern konnte. Das gelang beim Fernrohr in der Mitte des 18. Jahrhunderts, beim Mikroskop dagegen erst in den ersten Jahrzehnten des 19. Jahrhunderts. Zu diesen Abbildungsfehlern kommt es einmal durch die besonderen Eigenschaften des Lichtes und des Glases, zum anderen durch die Linsenkrümmung. Für die Weiterentwicklung des Mikroskops war es bedeutsam, daß man es verstand, die Bildfehler im Laufe der Zeit immer weiter zu schwächen. Deshalb ist es jetzt notwendig, einige optische Grundlagen zu besprechen, um den Aufbau und die Arbeitsweise der alten Mikroskope besser verstehen zu können.

Glas

Uns erscheint Glas als eine feste Substanz, und man ist daher zunächst erstaunt, wenn Wissenschaftler in diesem Zusammenhang von einer »unterkühlten Schmelze« sprechen. Das ist jedoch berechtigt, weil die Moleküle im Glas ähnlich wie in einer Flüssigkeit, wie z.B. in Wasser, angeordnet sind. Es gibt dort keinen geordneten Kristallaufbau, und deswegen beobachtet man auch keinen echten Schmelzpunkt, wie wir ihn beispielsweise von Metallen kennen. Glas wird beim Erhitzen weich und bei Temperaturen zwischen 750 und 1200°C mehr und mehr flüssig. Dabei nimmt es zunächst eine teer- und anschließend eine sirupartige Konsistenz an, um endlich in eine wasserähnliche Flüssigkeit überzugehen.

Glas, das für optische Zwecke bestimmt ist, muß farblos und im ganzen Block absolut homogen sein. Gewöhnliches Glas wird hergestellt, indem man Sand (in der Hauptsache Kieselsäure, SiO_2) mit Kalkstein als Stabilisator und mit Soda als Flußmittel (zur Senkung des Schmelzpunktes) zusammenschmilzt. Dabei muß jede Verunreinigung peinlichst vermieden werden. Denn Glas wird durch eine Reihe von Metallen gefärbt, selbst wenn sie nur in Spuren vorliegen. So liefert z.B. Eisen je nach Oxidationsstufe grüne oder braune Farben. Weil Glas beim Erwärmen zunächst nur erweicht, sind ziemlich hohe Temperaturen erforderlich, bis es vollständig flüssig geworden ist und gründlich durchmischt werden kann. Gutes optisches Glas benötigt zum Erreichen dieses Aggregatzustandes wesentlich höhere Temperaturen als die einfacheren Gläser, aus denen etwa Fensterscheiben oder Flaschen hergestellt werden. Erst im 19. Jahrhundert war man in der Lage, derartige hohe Temperaturen zu erzeugen. Außerdem mußten besondere Rührverfahren entwickelt werden, um eine gründliche Durchmischung der Schmelze zu gewährleisten. Schlechte Durchmischung führt zur Bildung von Schlieren. Das sind streifenförmige Bereiche, die das Glas durchziehen und in denen sich für die Dichte und damit auch für den Brechungsindex andere Werte als im übrigen Block ergeben. Linsen, die aus schlierenhaltigem Glas bestehen, liefern keine scharfen Bilder. Schlieren sind leicht zu demonstrieren,

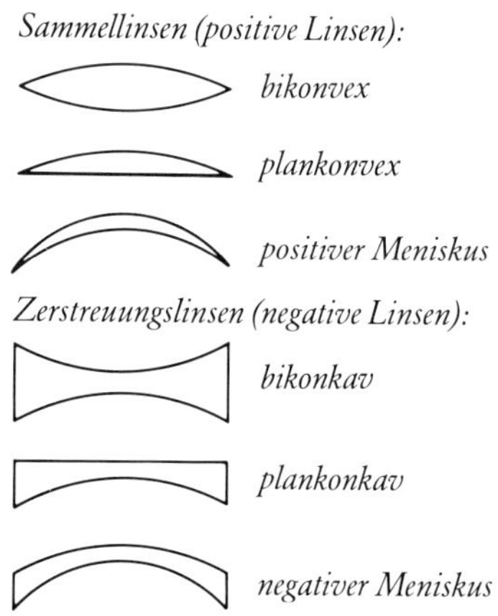

6. *Die verschiedenen Formen sphärischer Linsen:*

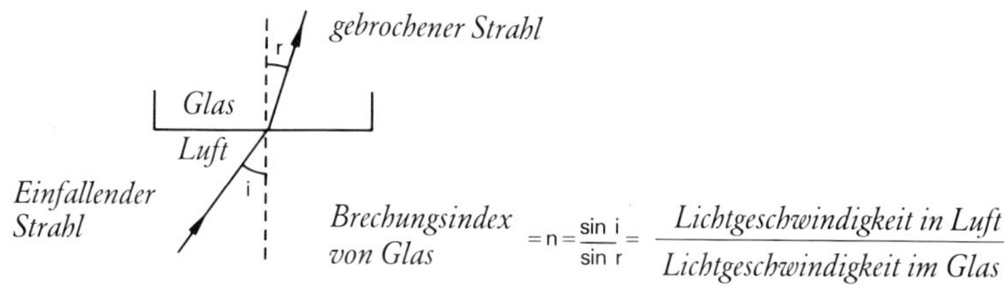

7 *Brechung*

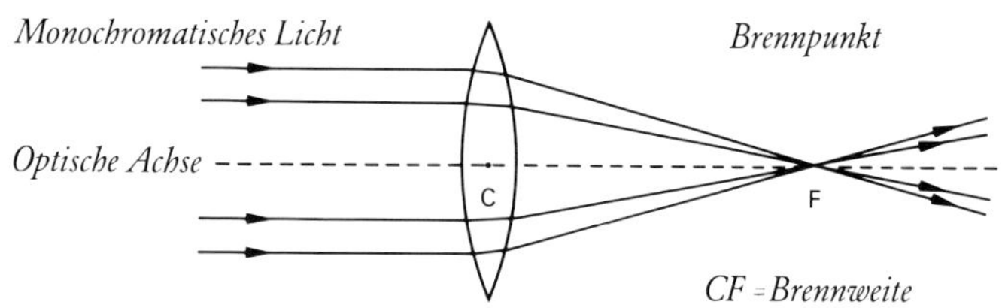

8 *Der Brennpunkt einer Sammellinse*

wenn heißes Wasser in ein Glas mit kaltem Wasser läuft.

Die Hersteller optischer Gläser verstehen unter »Kronglas« ein Alkali-Kalkglas und unter »Flintglas« ein Bleiglas. Letzteres wurde im 17. Jahrhundert erfunden und ursprünglich aus Feuersteinen (»Flint«) und Bleioxid hergestellt. Flintglas zeichnet sich durch ein relativ hohes Gewicht sowie durch Farblosigkeit aus und weist eine fast doppelt so starke Dispersion (die Eigenschaft, die einzelnen Lichtfarben verschieden stark zu brechen) wie Kronglas auf. Flintglaslinsen entwickelten sich daher zu einem sehr zweckmäßigen Bestandteil von Linsenkombinationen.

Linsen

Linsen, die man für Mikroskope und andere optische Instrumente benutzt, werden aus Glasscheiben geschliffen und anschließend poliert. Mindestens eine der beiden so entstandenen Oberflächen stellt

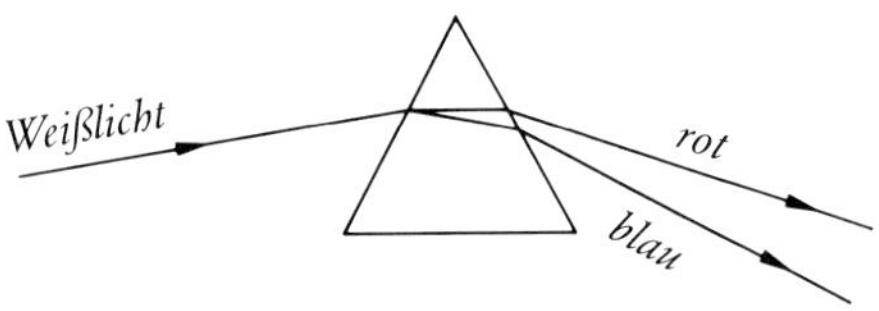

9 *Aufspaltung weißen Lichts in die Spektralfarben durch ein Prisma.*

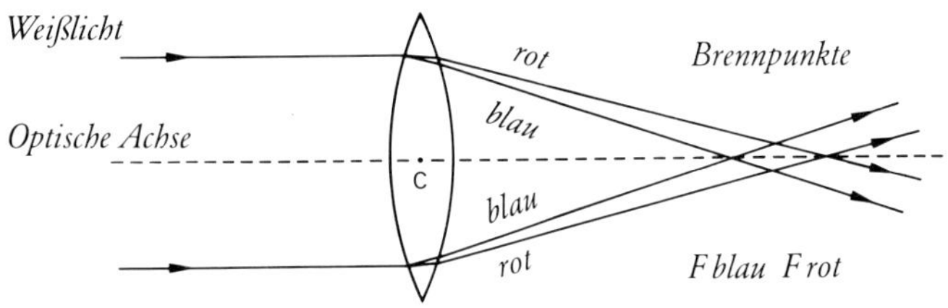

10 *Durch eine Sammellinse verursachte chromatische Aberration*

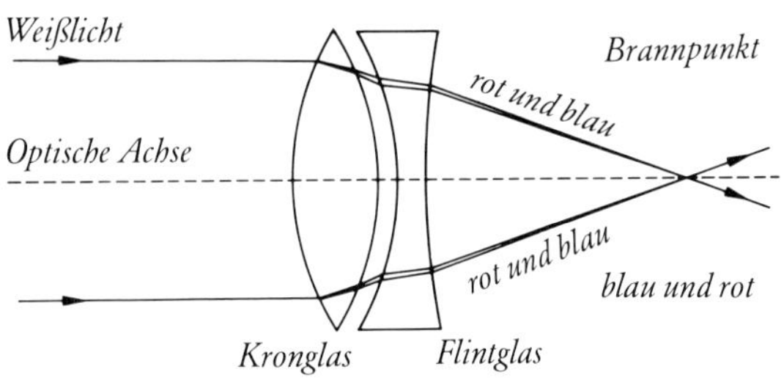

11 *Korrektion der chromatischen Aberration durch Kombination einer Sammellinse, mit einer Zerstreuungslinse, die aus einer anderen Glassorte besteht.*

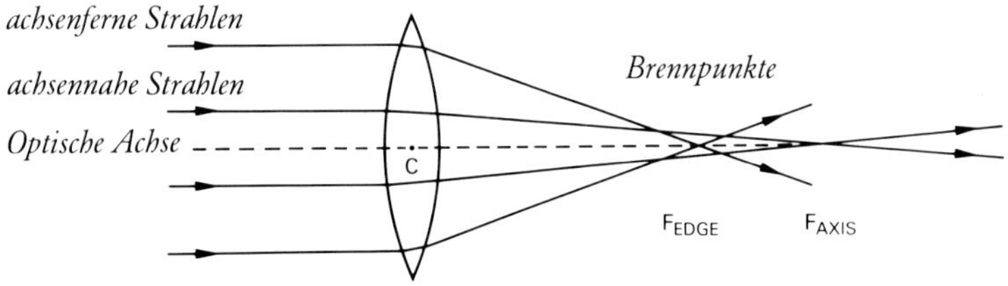

12 *Sphärische Aberration an einer Sammellinse*

einen Abschnitt einer Kugelfläche dar. Von den beiden Seiten einer Sammellinse (positiven Linse) ist entweder die eine nach außen gewölbt (konvex) und die andere plan oder es sind alle beide konvex geformt. Bis zur Mitte des 19. Jahrhunderts benutzte man solche bikonvexen Sammellinsen u.a. auch für die Mikroskopoptik. Eine Zerstreuungslinse (negative Linse) zeichnet sich durch eine nach innen gewölbte (konkave) und eine plane Oberfläche oder durch zwei konkave Oberflächen aus. Meniskuslinsen besitzen eine konkave und eine konvexe Seite, wobei es vom Ausmaß ihrer Wölbungen abhängt, ob sie als Sammellinsen oder als Zerstreuungslinsen fungieren.

Brennpunkt und Brennweite

Unter dem Brennpunkt versteht man denjenigen Punkt auf der optischen Achse, in dem Lichtstrahlen nach Durchgang durch die Linse gesammelt werden, die parallel zur optischen Achse verliefen, bevor sie auf die Linse trafen. Der Abstand zwischen Brennpunkt und Linsenmittelpunkt wird als Brennweite bezeichnet. Die Lage des Brennpunktes läßt sich am einfachsten zeigen, indem man die Sonne mit Hilfe einer Sammellinse auf ein Stück Papier abbildet, so daß dieses zu brennen beginnt.

Abbildungsfehler

Das Sonnenlicht erscheint dem menschlichen Auge weiß gefärbt. Wir wissen jedoch inzwischen, daß es sich in Wirklichkeit aus vielen verschiedenen Farben zusammensetzt. Diese werden z.B. im Regenbogen sichtbar. Isaac Newton war der erste, der das Sonnenlicht und seine Farben wissenschaftlich untersuchte, wobei er einen Sonnenstrahl mit Hilfe von Prismen in seine Spektralfarben aufspaltete. Demnach setzt sich Sonnenlicht aus verschiedenen Wellenlängen zusammen, wobei rotes Licht beinahe die doppelte Wellenlänge wie blaues Licht aufweist. Wie stark das Licht von einem Prisma gebrochen wird, hängt von der jeweiligen Wellenlänge ab, wobei wir bei rotem Licht die schwächste und bei blauem Licht die stärkste Brechung beobachten.
Eine Linse, die ein paralleles Lichtbündel in einem Punkt sammelt, hat oft zwei konvexe Oberflächen. Man kann sie daher in etwa mit zwei dünnen Prismen vergleichen, die mit ihren Basen aufeinanderstehen. Demzufolge muß eine Sammellinse weißes Licht ebenfalls bis zu einem gewissen Grade in seine Spektralfarben aufspalten. Daraus folgt, daß die einzelnen Farben in verschiedenen Brennpunkten konzentriert werden, weswegen sich im mikroskopi-

schen Bild Farbsäume ergeben. Dieser Bildfehler wird »chromatische Aberration« genannt.
Im Jahre 1758 gelang es John Dollond, die chromatische Aberration von Linsen zu korrigieren. Er baute nämlich ein Fernrohrobjektiv aus zwei Linsen, die aus unterschiedlichen Glassorten bestanden. Durch Zusammenkitten einer aus Kronglas bestehenden Sammellinse mit einer Zerstreuungslinse aus Flintglas wurde die Dispersion weitgehend aufgehoben. Was den Bau von Fernrohren betrifft, so setzte sich hier dieses neue Prinzip sehr schnell durch. Anders verhielt es sich mit den Mikroskopobjektiven. Man war nämlich zunächst noch nicht in der Lage, derartig kleine Kittglieder zu fertigen, wie sie für die Mikroskopobjektive unerläßlich sind. So dauerte es noch bis zum ersten Jahrzehnt des 19. Jahrhunderts, bis der Holländer Van Deijl einen Weg fand, um die ersten Mikroskopobjektive mit Kittgliedern serienmäßig herstellen zu können. Im darauffolgenden Jahrzehnt wurden ähnliche Objektive auch in Paris und London angefertigt.
Einen entscheidenden Einfluß auf die Bildqualität übt auch die Stärke der Linsenkrümmung aus. Durch den normalen Schleifvorgang wird der Linse eine sphärische Oberfläche verliehen. Nach Durchgang durch eine derartige Linse schneiden sich die Lichtstrahlen, die durch den Linsenrand verlaufen sind (die achsenfernen Strahlen), in einem Punkt, der näher vor der Linse liegt als der Schnittpunkt der anderen Strahlen, die die Linse in der Nähe ihrer Mitte passierten (die achsennahen Strahlen). Da beim Abbildungsvorgang Lichtstrahlen von allen Punkten eines Objektes ausgehen und anschließend jede beliebige Zone einer Linse durchdringen, ist das so entstehende Bild mehr oder weniger verschwommen. Bei Mikroskopobjektiven wurde dieser Bild-

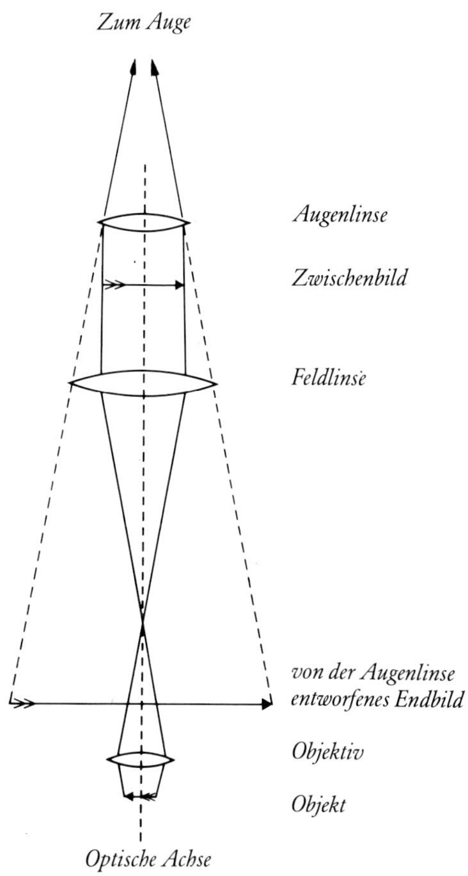

13 Bildentstehung im zusammengesetzten Mikroskop (schematisch).

fehler, nämlich die sphärische Aberration, durch Joseph Jackson Lister behoben. Er beschrieb seine Methode in einem Artikel, der 1830 in den Philosophical Transactions der Royal Society erschien, und benutzte dabei zwei achromatische Kittglieder, die in einer genau berechneten Entfernung voneinander angeordnet waren. Es ist dies gleichzeitig das erste Beispiel für ein auf wissenschaftlicher Grundlage entwickeltes Objektiv. Zuvor hatte man die verschiedenen Linsen nach rein empirischen Gesichtspunkten zusammengesetzt.

Vergrößerung

Die Maßstabszahl eines Mikroskopobjektivs errechnet sich aus dem Verhältnis zwischen der Größe des Objektes und der Größe seines Bildes. Dieser Wert kann mit einem Objektmikrometer und einem Meßokular (das für diesen Zweck allerdings keine Feldlinse aufweisen darf) direkt bestimmt werden. Sowohl die Objektmikrometer als auch die im Meßokular befindlichen Okularmikrometer besitzen jetzt feine, ins Glas geritzte Teilungen. Früher benutzte man für diesen Zweck extrem dünne Drähte oder auch feine Schraubgewinde. Unter der konventionellen Sehweite versteht man die kürzeste Entfernung, aus der man mit einem normalsichtigen Auge einen Text noch längere Zeit bequem lesen kann; sie wurde auf 250 mm festgelegt. Die Vergrößerung einer Lupe oder eines Mikroskopokulars errechnet sich dann aus dem Quotienten dieser konventionellen Sehweite und der Brennweite, also: Vergrößerung = (konventionelle Sehweite) : (Brennweite) = (250 mm) : (Brennweite in mm). Demnach hat eine Linse mit einer Brennweite von 25 mm eine 10fache Lupenvergrößerung, während sich für eine Brennweite von 12,5 mm eine 20fache Vergrößerung ergibt.
Die Gesamtvergrößerung eines zusammengesetzten Mikroskops erhält man aus dem Produkt der Maßstabszahl des Objektivs mal der Lupenvergrößerung des Okulars. Mit einem Objektiv der Maßstabszahl 25 : 1 und einem 10fach vergrößernden Okular würden wir demnach eine 250fache Gesamtvergrößerung erhalten. Manchmal muß dazu noch eine weitere Vergrößerung hinzugerechnet werden, wenn sich neben dem Objektiv und dem Okular noch ein weiteres Linsensystem im Abbildungsstrahlengang des Mikroskops befindet. Bis zum späten 19. Jahrhundert waren Maßstabszahl und Vergrößerung auf den Objektiven bzw. Okularen noch nicht verzeichnet, und der Benutzer mußte die jeweilige Mikroskopvergrößerung selbst ermitteln.

Wenn man von wenigen Ausnahmen absieht, dann umfaßte die Optik des zusammengesetzten Mikroskops von den Zeiten Robert Hookes an bis zum Anfang des 19. Jahrhunderts drei Linsen. Es handelte sich dabei einmal um die sogenannte Objektivlinse, die dem Objekt am nächsten lag. Die zweite Linse war etwa dreiviertel Tubuslängen von der Objektivlinse entfernt montiert und wirkte als Feldlinse. Daran schloß sich als letzte die an der Unterseite der Augenmuschel befestigte Augenlinse an. Einige Hersteller wichen von diesem Bauplan ab und änderten die Linsenzahl oder auch die Anordnung der Feld- und Augenlinse.
Leider kam es unter dem Einfluß der Augenlinse und noch mehr durch die Feldlinse zu einer Verstärkung der chromatischen Aberration. Das hatte zur Folge, das sich das zusammengesetzte Mikroskop nur für schwächere Vergrößerungen verwenden ließ. Dafür war seine Handhabung einfacher. Zum Umgang mit dem einfachen Mikroskop gehörte einige Erfahrung, jedoch ermöglichte es stärkere Vergrößerungen bei besserer Bildqualität. Allerdings kam das Mikroskop bei wissenschaftlichen Untersuchungen nur verhältnismäßig wenig zum Einsatz. Man betrachtete es in erster Linie als ein Mittel zum Vergnügen und zur Belehrung, mit dem die wunderbaren Werke Gottes aufgedeckt werden konnten. Deswegen findet der Sammler heute noch so viele Mikroskope aus dem 18. und 19. Jahrhundert.

Beleuchtung

Alle Objekte, die mit dem Mikroskop untersucht werden sollen, kann man grob in zwei Gruppen einteilen, nämlich in transparente Objekte, die im Durchlicht untersucht werden, und in undurchsichtige (opake) Objekte, für die eine Auflichtbeleuchtung erforderlich ist. Die Mikroskopisten haben zu allen Zeiten nach Mitteln zur Verbesserung der Mikroskopbeleuchtung gesucht, um so die Beobachtung zu erleichtern. Hooke benutzte zu diesem Zweck eine Öllampe. Deren Licht wurde entweder von einer wassergefüllten Schusterkugel oder durch eine kurzbrennweitige, plankonvexe Linse gesammelt. Im ganzen 18. Jahrhundert waren derartige Beleuchtungslinsen bei der Untersuchung von Oberflächen undurchsichtiger Objekte in Gebrauch. Zur Verstärkung der Durchlichtbeleuchtung bei transparenten Objekten benutzten Huygens, Bonanni und Marshall ebenfalls Linsen, die man als Kondensorlinsen bezeichnete.
Das um 1725 entstandene Culpepersche Dreifußmikroskop wies einen unter dem Objekttisch angeordneten Hohlspiegel auf, über den Lampen- oder

Himmelslicht durch das Objekt geschickt werden konnte. Wenn der Scheitelpunkt dieses Hohlspiegels genau auf der optischen Achse lag, gelangte das Licht durch das transparente Objekt, das sich gerade im Gesichtsfeld befand. Gegen Ende des 18. Jahrhunderts waren Hilfslinsen zur Sammlung des vom Spiegel kommenden Lichts bei der Anwendung stärker vergrößernder Objektive allgemein gebräuchlich. Die nächste Entwicklungsstufe wurde im Viktorianischen Zeitalter erreicht, als man speziell zur Verbesserung der Beleuchtung entwickelte Linsensysteme unter dem Objekttisch anbrachte. Solche Kondensorlinsensysteme waren sogar in Form von Achromaten erhältlich. Als besonders zweckmäßig erwies sich die von Ernst Abbe im Jahre 1872 konstruierte Vorrichtung, die aus drei Linsen bestand und als »Abbescher Beleuchtungsapparat« bekannt wurde.

Für die Beleuchtung kleiner undurchsichtiger Objekte stellte der Lieberkühn-Spiegel das wichtigste Hilfsmittel dar. Dr. Johann Lieberkühn führte der Royal Society im Jahre 1740 seine Erfindung vor, die aus einem kuppelförmigen Spiegel bestand. Dieser umgab das Mikroskopobjektiv allseitig und reflektierte von unten einstrahlendes Licht auf das Objekt. Diese Vorrichtung erwies sich als besonders nützlich, wenn es galt, kleine Objekte mit starken Objektiven bei Auflicht-Dunkelfeldbeleuchtung zu untersuchen.

14 Steigerung der numerischen Apertur von Mikroskopobjektiven im 19. Jahrhundert. (Siehe: G.L.E. Turner: Essays on the History of the Microscope, Kapitel 9).

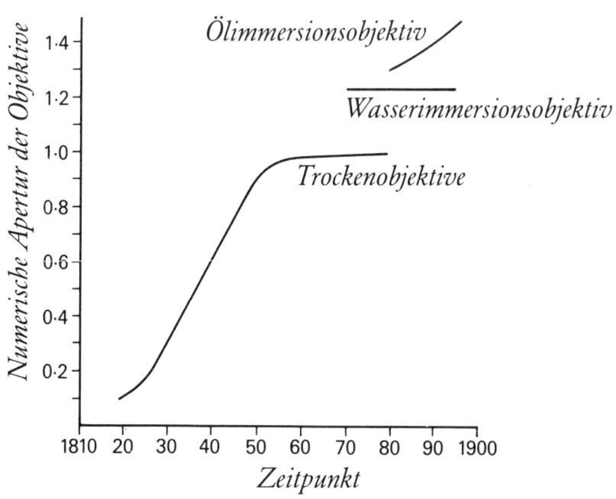

15 Um 1886 in London hergestellte Nachbildung eines einfachen Mikroskops von Antoni van Leeuwenhoek, das im Museum der Universität Utrecht aufbewahrt wird. Von den original Leeuwenhoekschen Mikroskopen sind bis heute lediglich neun Exemplare erhalten geblieben (MHS, Oxford).

2 Der Aufbau des Mikroskops

Ein Mikroskop enthält entweder eine einzige Linse oder mehrere davon, die in der richtigen Entfernung zueinander auf der optischen Achse angeordnet sein müssen. Außerdem ist eine geeignete Vorrichtung erforderlich, damit das zu untersuchende Objekt an die richtige Stelle in den Strahlengang gebracht und scharf eingestellt werden kann. Für die Scharfeinstellung benötigt man eine geeignete Mechanik, die einen genauen und zügigen Gang gewährleistet. Das läßt sich um so schwieriger bewerkstelligen, je stärker die Objektive sind, die zur Anwendung kommen. Denn sowohl die Tiefenschärfe als auch der Arbeitsabstand (d.h. der Abstand zwischen Objekt und Objektivfrontlinse) nehmen mit steigender Maßstabszahl immer mehr ab.

Das einfache Mikroskop

Antoni van Leeuwenhoek (1632–1723) stellte in der zweiten Hälfte des 17. Jahrhunderts die ersten einfachen Mikroskope her, die sich in der Praxis bewährten. Bei diesen Geräten wurde die einzige, winzige Linse von zwei zusammengenieteten Metallplatten gehalten. Das Objekt kam auf die Spitze einer feinen Nadel, die sich mit Hilfe einer Schraube auf die Platten zu oder von ihnen fortbewegen ließ. Diese Kon-

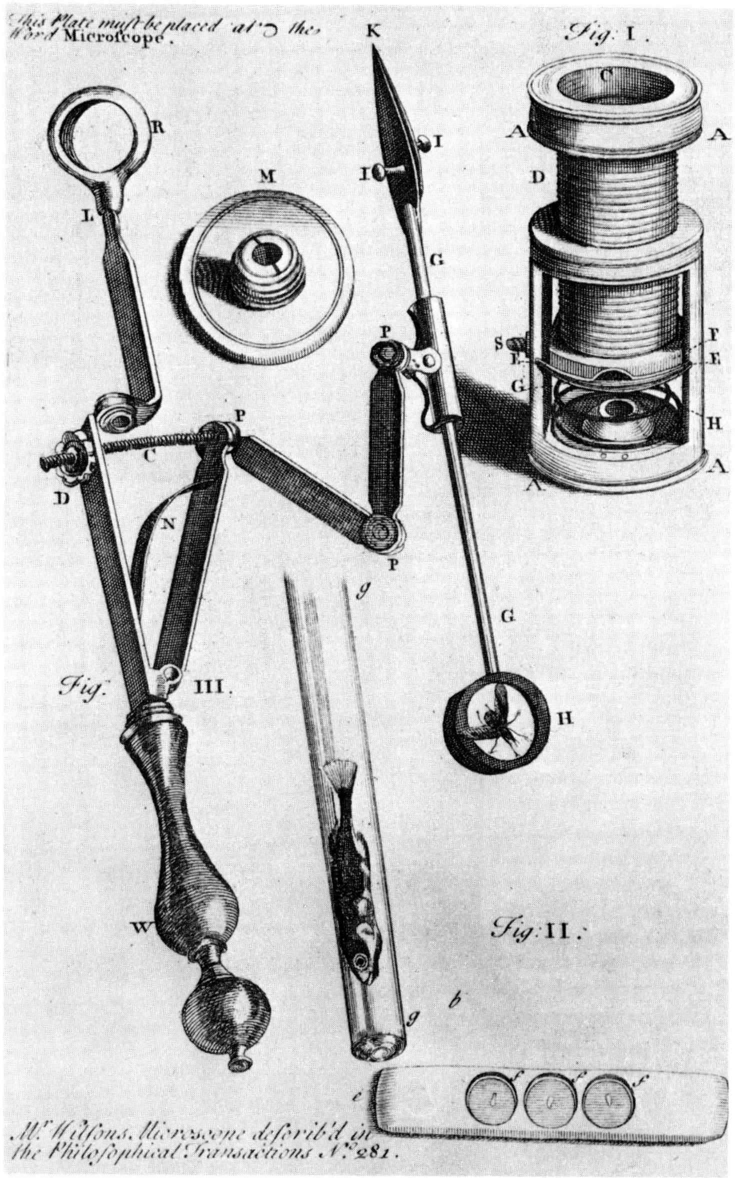

16 Ein Kupferstich, der zwei einfache Mikroskope zeigt, und zwar ein frühes Zirkelmikroskop sowie ein »Screw-barrel«-Mikroskop in der Art, wie sie James Wilson baute. Man beachte die Fliege, die sich auf der aus Elfenbein bestehenden »Schwarz-Weiß-Platte« befindet, sowie den kleinen Fisch in dem Glasröhrchen. Aus dem »Lexicon Technicum« von John Harris 1704.

struktion war außerordentlich primitiv und man konnte damit nur dann vernünftig arbeiten, wenn man ein gerüttelt Maß an Erfahrung und Geduld mitbrachte.

Ein wesentlich besseres Modell war ein um 1700 entwickeltes einfaches Mikroskop, das in der englischsprachigen Literatur unter der Bezeichnung »screw-barrel microscope« bekannt ist und für das sich im deutschen Sprachgebrauch kein allgemein anerkannter Begriff eingebürgert hat. Damit ließ sich der Abstand zwischen der Linse und dem Schieber, der die zu untersuchenden Objekte trug, genau einstellen. Das geschah durch einen Zylinder, den man in eine weite Hülse einschrauben konnte, und der mit seinem anderen Ende den Schieber gegen eine Feder drückte. Die Linsen waren in Messingfassungen montiert und konnten durch An- und Abschrauben am oberen Ende der weiten Hülse ausgewechselt werden. Dieses Gerät ermöglichte Vergrößerungen zwischen 50- und 100fach.

Eine andere Ausführung des einfachen Mikroskops wurde unter der Bezeichnung »Zirkelmikroskop« bekannt. Bei diesem kam das Objekt auf das freie Ende eines Armes, den man mit Hilfe einer Schraube und einer Druckfeder verstellte. Die Linsen ließen sich ebenfalls auswechseln und befanden sich

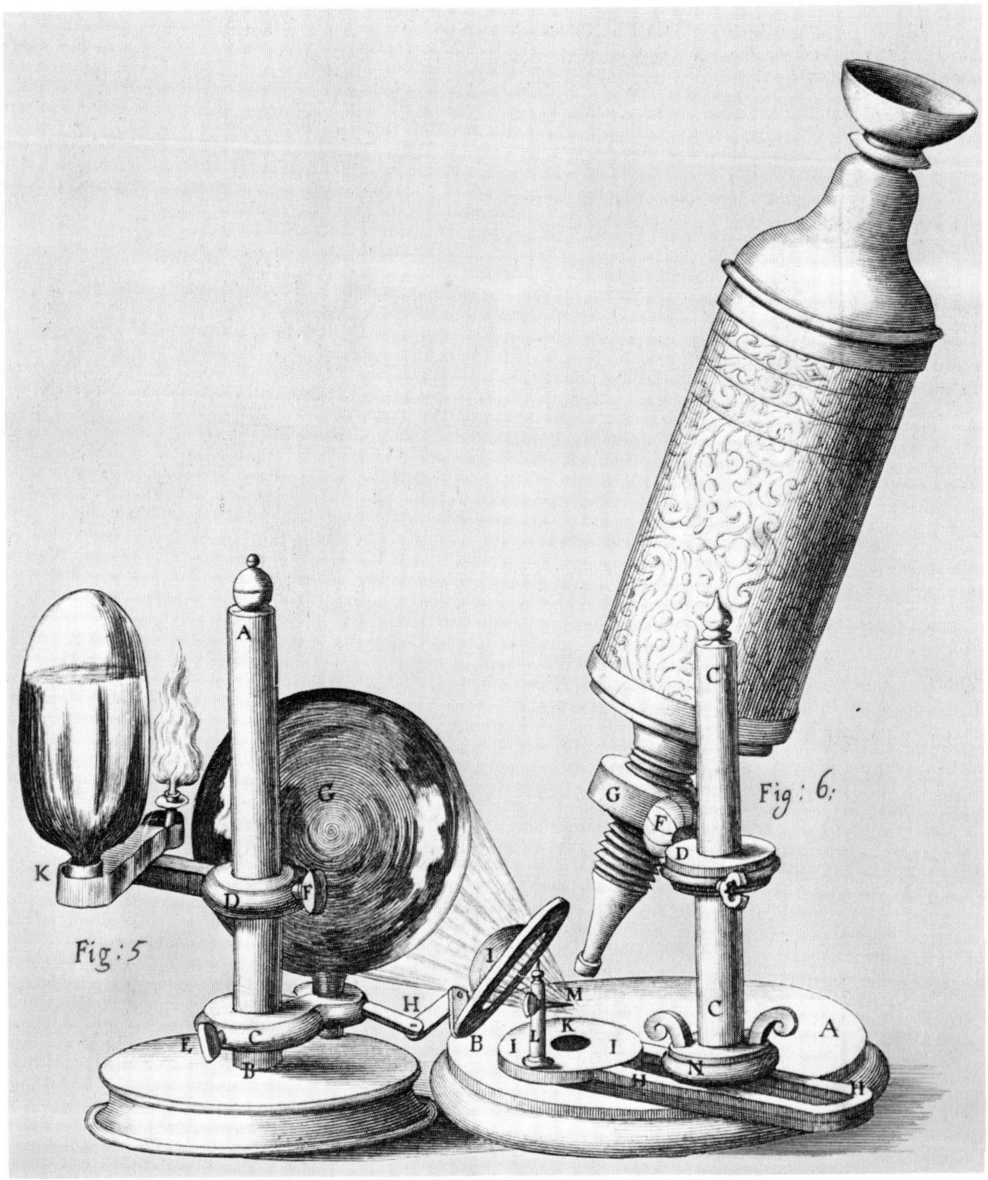

17 Das zusammengesetzte Mikroskop von Robert Hooke samt Lichtquelle von der ersten Tafel der »Micrographia« (1665). Das Licht der Öllampe wurde durch die wassergefüllte Schusterkugel konzentriert und nach Durchgang durch die Beleuchtungslinse auf die Nadel geschickt, wo sich die zu untersuchenden Objekte befinden.

in gedrehten Fassungen aus Holz, Elfenbein oder Messing. Das Zirkelmikroskop erfreute sich bei den damaligen Naturforschern großer Beliebtheit, weil es sich ganz ausgezeichnet für die Untersuchung von Insekten und anderen undurchsichtigen Objekten eignete.

Das zusammengesetzte Mikroskop

Beim Bau eines zusammengesetzten Mikroskops bestand das Problem darin, daß drei oder mehr Linsen an der richtigen Stelle der optischen Achse anzuordnen waren. Dabei bildete der Tubus den wichtigsten Bestandteil, weil er die Linsen enthielt. Außerdem mußte ein Objekttisch vorhanden sein, der die Präparate aufnahm und zu dem man das Licht zu leiten hatte, denn die zusammengesetzten Mikroskope waren in der Regel so konstruiert, daß sie bei der Benutzung auf dem Tisch stehen bleiben konnten und der Benutzer von oben durch den Tubus auf das Objekt blickte. Zwar mußten die allerersten zusammengesetzten Mikroskope zur Untersuchung transparenter Präparate mit der Hand hochgehoben und gegen das Auge gehalten werden, ähnlich wie man das bei der Benutzung eines einfachen Mikroskops tat. Jedoch konnte sich diese Art der Mikroskopbenutzung auf die Dauer nicht halten. In der zweiten Hälfte des 18. Jahrhunderts kamen einige Mikroskope mit schrägem Tubus auf, die bei länger andauernden Untersuchungen ein bequemeres Arbeiten gewährleisteten.

Der Tubus

Der Prototyp des modernen Mikroskops geht auf das von Robert Hooke konstruierte Gerät zurück, wie es auf der ersten Tafel der »Micrographia« abgebildet ist. Dessen Tubus besteht aus Holz, Pappe, Leder und Messing. An seinem oberen Ende befindet sich eine aus Holz gedrehte Fassung mit einer Augenmuschel, in die der Benutzer sein Auge zu plazieren hatte. Unmittelbar darunter ist die Augenlinse montiert. Dort, wo die Fassung an dem aus Pappe bestehenden Abschnitt des Tubus befestigt ist, liegt die Feldlinse. Sie heißt so, weil sich unter ihrem Einfluß das Gesichtsfeld vergrößert. Das entgegengesetzte Ende des Tubus trägt das Objektivgewinde, in das eine kleine Fassung mit der Objektivlinse geschraubt werden kann. Normalerweise wurden mehrere, verschieden stark vergrößernde Objektivlinsen mitgeliefert, die sich auswechseln ließen. Später ordnete man noch weitere Linsen an bestimmten Stellen im Tubus an, um so die Optik des zusammengesetzten Mikroskops zu verbessern. George

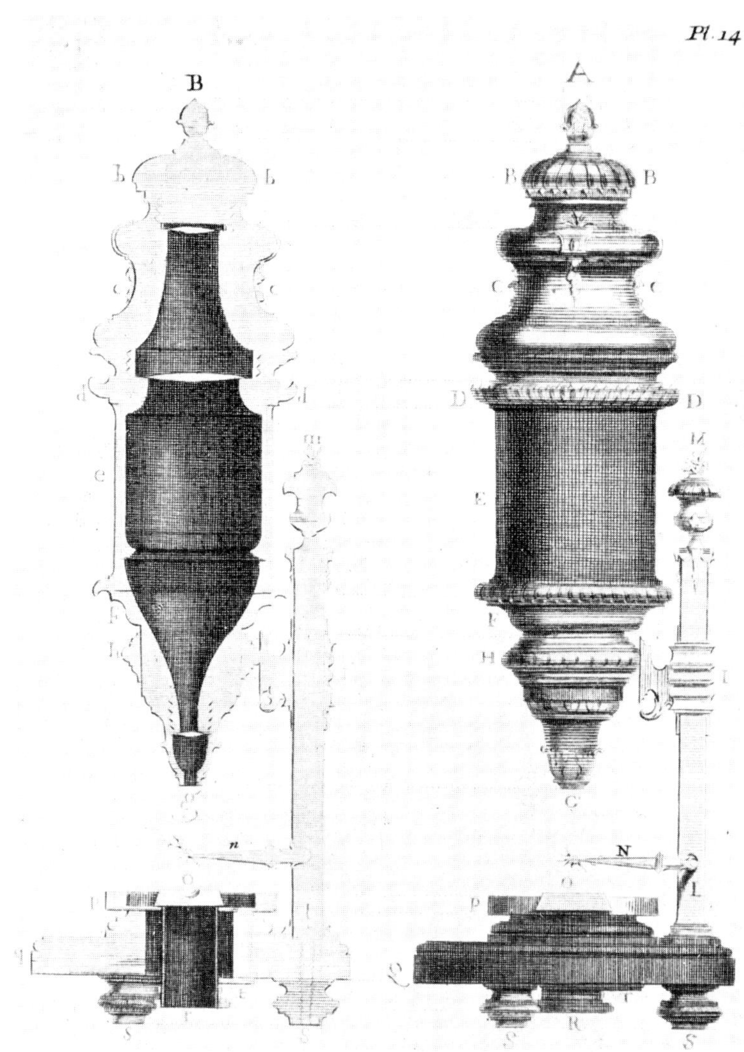

18 Ein Kupferstich mit der Darstellung eines zusammengesetzten Mikroskops aus dem Buch: »Descriptions et usages des plusieurs nouveaux microscopes« von Louis Joblot aus dem Jahre 1718. Der Längsschnitt auf der linken Seite zeigt die Lage der Objektivlinse, der Feldlinse und der Augenlinse.

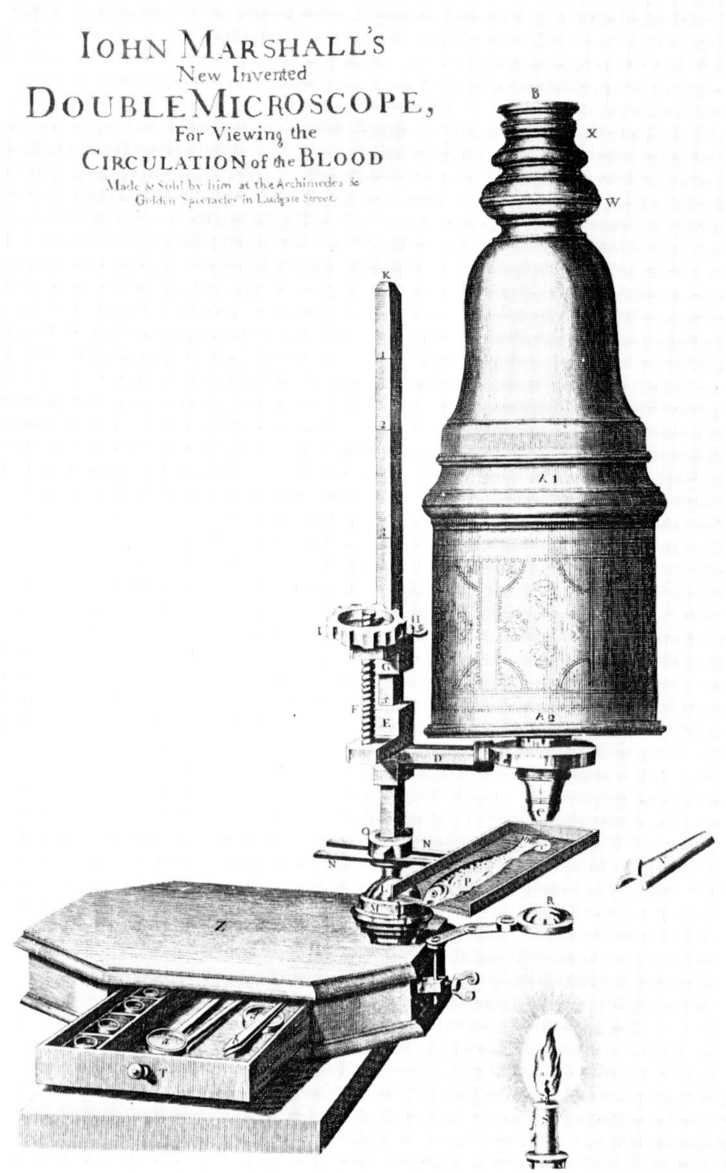

19 Großes zusammengesetztes Mikroskop von John Marshall, wie es im »Lexicon Technicum« von John Harris (1704) abgebildet wurde. Das Instrument befindet sich in der für Durchlichtuntersuchungen vorgesehenen Anordnung, wobei im vorliegenden Fall die Blutzirkulation in einem Fischschwanz beobachtet werden kann. Die rechts dargestellte und mit V gekennzeichnete gebogene Halterung aus Messing (der »Sarg«) wird über den Fisch gelegt.

Adams bot beispielsweise ein Mikroskop an, das neben der Feld- und der Objektivlinse drei Augenlinsen besaß. Im 18. Jahrhundert führte eine derartige Vermehrung der Linsenzahl zwar kaum zu einer merklichen Verbesserung der Bildqualität, lieferte dafür jedoch genug Stoff für die Reklame der Instrumentenmacher.

Hookes Mikroskop war mit mehreren Auszugtuben versehen, die in einem Tubuskörper steckten. Somit ließ sich der Abstand zwischen der Feldlinse und der Objektivlinse verlängern, was zu einer Änderung der Bildgröße führte. Im 17. Jahrhundert, zu einer Zeit, da nur höchst primitive optische Einrichtungen zur Verfügung standen, betrachtete man die Verstellung der Tubuslänge als ein ganz legales Mittel zum Wechsel der Mikroskopvergrößerung. Seit den dreißiger Jahren des 19. Jahrhunderts montierte man dagegen in den Mikroskopen sämtliche Linsen in festen Abständen zueinander.

Von der Mitte des 19. Jahrhunderts an richtete man sich beim Mikroskopbau nach den von Lister gemachten Vorschlägen und kombinierte Linsen miteinander, um die sphärische Aberration auszuschalten (siehe Kapitel 2 und 7). Deshalb wurden seit dieser Zeit die Mikroskope, soweit sie für ernsthafte wissenschaftliche Untersuchungen vorgesehen waren, mit zusammengesetzten Objektiven ausgerüstet. Diese enthielten drei oder mehr Linsen in einem kleinen Tubus, den man in das am unteren Ende des Mikroskoptubus befindliche Objektivgewinde schrauben konnte. Die Mikroskophersteller kombinierten in gleicher Weise die Augenlinse mit der Feldlinse und montierten beide ebenfalls in einem auswechselbaren Tubus. So bestand die Möglichkeit, die Vergrößerung an beiden Enden des Mikroskoptubus unabhängig voneinander zu ändern. Daneben wurden jedoch im 19. Jahrhundert weiterhin die gleichen billigen Mikroskope hergestellt, die man bereits im 18. Jahrhundert kannte und die lediglich der Belehrung und Unterhaltung dienten.

Der Objekttisch

Bei den allerersten zusammengesetzten Mikroskopen, nämlich dem 1665 für Hooke hergestellten Gerät und den Mikroskopen von John Yarwell, die aus dem Jahre 1683 stammen, fungierte die ebene Grundplatte des Instruments gleichzeitig als Objekttisch. Man legte nur eine flache Scheibe aus Elfenbein darauf, die auf der einen Seite weiß belassen und auf der anderen entweder geschwärzt oder mit einer Ebenholzscheibe beklebt war. Es handelte sich dabei um die sogenannte »Schwarz-Weißplatte«, die zur Aufnahme der Präparate diente und mit deren Hilfe dunkle oder helle Objekte besser

erkennbar werden sollten. Hookes Mikroskop war außerdem mit einem Halter zur Befestigung einer Nadel oder einer Pinzette versehen.
John Marshall baute um 1700 einen Objekttisch aus Messing. Dieser trug zur Auflichtbeleuchtung eine Linse und war am Grunde der Säule befestigt, die den Tubus hielt. Für die Untersuchung transparenter Objekte wurde ein Trog aus Glas mitgeliefert, der oft noch eine aus Messing bestehende Vorrichtung zur Befestigung eines kleinen Fisches aufwies. In den folgenden zwei Jahrhunderten gehörten derartige »Fischplatten« zum Standard-Zubehör beinahe eines jeden Mikroskops. Man benutzte sie zur Demonstration der Blutzirkulation, die Malpighi mit Hilfe des Mikroskops entdeckt hatte, was die von Harvey aufgestellte, bedeutsame Hypothese bestätigte. Als Objekte für derartige Untersuchungen fanden auch Frösche Verwendung, und die dazu notwendigen Platten waren die »Froschplatten«.
Edmund Culpeper baute ein zusammengesetzes Mikroskop in Form eines Dreifußstativs. Er verbesserte jedoch das ursprüngliche Modell, indem er zwei Dreifüße benutzte, die übereinander angeordnet waren. Davon trug der erste den Objekttisch und der zweite den Tubus. Culpeper hatte unter dem Objekttisch auf der Grundplatte des Stativs einen in einem neigbaren Rahmen montierten Spiegel angeordnet, um Licht zum Tubus schicken zu können.
Die späteren Mikroskope wiesen alle einen über der Grundplatte erhobenen und unter dem Objektiv angeordneten Objekttisch auf. Er besaß in seiner Mitte normalerweise eine Öffnung, in die verschiedene Zubehörteile paßten. Dazu gehörten die Schwarz-Weißplatte, eine ebene Glasplatte oder ein Uhrglas zur Aufnahme eines Wassertropfens sowie der sogenannte Bonannische Objekttisch. Dieser bestand aus zwei Messingplatten, die durch eine Druckfeder zusammengepreßt wurden. Dazwischen kam ein Schieber, der die zu untersuchenden Objekte aufnahm. Manchmal waren die Objekttische mit Klemmen versehen, um verschieden große Objektträger aus Glas festhalten zu können.
Im späten 18. Jahrhundert gehörten Kreuztische noch zu den großen Seltenheiten, während sie ja bei modernen Mikroskopen allgemein gebräuchlich sind. Benjamin Martin war der erste, der eine derartige Vorrichtung entwickelte, mit deren Hilfe das Präparat über einen Zahntrieb in zwei rechtwinklig zueinander angeordnete Richtungen verschoben werden konnte. Die Bewegungsrichtungen wurden als »horizontal« bzw. »vertikal« bezeichnet, so wie sie dem mit dem Mikroskop Arbeitenden erschienen, wenn er sein Gerät in geneigter Stellung benutzte. Nach 1832 kamen Kreuztische in den allgemeinen Gebrauch, denn Edmund Turell hatte inzwischen den zugehörigen Mechanismus verbessert und erhielt dafür von der Society of Arts eine Silbermedaille zugesprochen. Im Jahre 1831 wurde der Varley-Objekttisch erfunden, den man mit Hilfe eines Kugelgelenkes allseitig verstellen konnte. Er erwies sich als ein ideales Hilfsmittel bei der Untersuchung von in Wasser schwimmenden Mikroorganismen.

Scharfeinstellung

Beim Scharfeinstellen müssen Objektiv und Präparat so weit voneinander entfernt werden, daß das Objekt in optimaler Schärfe zu sehen ist. Dieser Abstand ließ sich im Laufe der Zeit immer genauer einstellen, weil die mechanischen Einrichtungen ständig verbessert wurden. Bei dem Hookeschen Mikroskop war das untere Ende des Tubuskörpers mit einem Gewinde versehen und mußte in einen Messingring geschraubt werden. Diesen befestigte man mit einer Klemmvorrichtung an der Stativsäule. Wenn der Benutzer am Tubuskörper drehte, war somit eine verhältnismäßig genaue Scharfeinstellung möglich. Zur Grobeinstellung ließ sich der Tubuskörper mit Hilfe der Klemmvorrichtung je nach Bedarf an der Stativsäule weiter oben oder weiter unten befestigen. Dieses Gerät bietet also zwei Möglichkeiten zur Scharfeinstellung, nämlich Grobeinstellung mit der Klemmvorrichtung und Feineinstellung durch Drehen am Tubuskörper.
Im Jahre 1693 wurde der Mechanismus für die Scharfeinstellung durch Marshall beträchtlich verbessert. Der Tubuskörper seines Mikroskops war in einen Messingring geschraubt und dieser befand sich an einer Muffe, die an einer Säule mit quadratischem Querschnitt höher oder tiefer gestellt werden konnte. An der Säule waren Markierungen für die einzelnen Objektive angebracht, die dem Mikroskop normalerweise beigegeben wurden. Zur Grobeinstellung klemmte man die Muffe an der jeweiligen Markierung fest, während die Feineinstellung durch Drehen an einem Knopf erfolgte. Dadurch setzte sich eine Spindel in Bewegung, die die Muffe mit dem Tubuskörper verstellte. John Cuff, bekannt durch die von ihm vorgenommene gründliche Weiterentwicklung des zusammengesetzten Mikroskops mit exzentrischer Säule, benutzte als Mechanismus zur Scharfeinstellung im wesentlichen die soeben geschilderte Vorrichtung. Als Alternative dazu ließ sich bei manchen Modellen der Objekttisch mit Hilfe eines Zahntriebes auf-und abbewegen. Zu diesem Zweck war in die exzentrische Säule eine Zahnstange eingelassen, in die ein kleines Zahnrad paßte, mit dem der Tisch durch Drehen auf-und abbewegt wurde.

20 Louis Joblot in seinem Arbeitsraum. Ein Kupferstich aus seinem Buch »Descriptions et usages des plusieurs nouveaux microscopes« (1718), Teil II. Auf dem Fensterbrett und dem Fußboden sind zusammengesetzte Mikroskope zu sehen. Joblot selbst hält ein Modell, das für die Untersuchung transparenter Objekte vorgesehen ist.

Im späten 19. Jahrhundert verlangte man von den Mikroskopen, die für ernsthafte wissenschaftliche Untersuchungen vorgesehen waren, eine besonders genau gehende Scharfeinstellung. Dabei hatte sich für die Grobeinstellung der Zahntrieb durchgesetzt, während man die Feineinstellung mit besonderen Hebelmechanismen vornahm, die auf das untere Tubusende wirkten. Daneben wurden aber während des gesamten 18. und 19. Jahrhunderts auch einfachere Mikroskope hergestellt, bei denen der Tubus zur Scharfeinstellung nur in einer Hülse zu verschieben war, wobei seine jeweilige Position allein durch Reibung fixiert wurde.

Der Fuß

Die Gestalt des Mikroskopfußes hat sich im Laufe der Jahre gründlich gewandelt. Zu Beginn der Entwicklung ließen sich zwei Grundtypen unterscheiden. Bei dem einen handelte es sich um den Dreifuß mit drei dünnen, in eine Holzscheibe eingepaßten Füßen und bei dem anderen um ein Kästchen als Basis mit einer kräftigen Säule. Letztere Form wurde von Marshall und Cuff benutzt und war bis zum Jahr 1840 gebräuchlich.

Das aus dem frühen 18. Jahrhundert stammende Culpepersche »screw-barrel-Mikroskop« ließ sich auf eine Säule montieren, die ihrerseits auf drei, gelenkig miteinander verbundenen, geraden Leisten befestigt war. Jedoch erwies sich dieser Ständer als unpraktisch, da er eine absolut ebene Tischplatte verlangte, wollte man jedes Wackeln ausschließen. George Adams schuf eine verbesserte Ausführung dieses Modells, indem er die drei Füße L-förmig gestaltete und so einen niedrigen Dreifuß erstellte, dessen Füße sich zum Transport zusammenlegen ließen. Über dieses »Neue Universal-Mikroskop« veröffentlichte Adams einen Bericht im Jahre 1746. Dieses Instrument war beliebt und blieb fast 100 Jahre lang in Gebrauch. Die Firma Smith & Beck sowie deren Nachfolger bevorzugten dagegen einen anderen Mikroskopfuß. Er bestand aus drei flachen, unbeweglichen Füßen aus Messingguß, die an ihren Enden mit kleinen Auflagen versehen waren.
Das erste Trommelmikroskop baute Benjamin Martin, der seine Erfindung im Jahre 1739 veröffentlichte. Das Gerät war in erster Linie als Taschenmikroskop gedacht. Auf dem europäischen Festland wurde es in den ersten Jahren des 19. Jahrhunderts zu neuem Leben erweckt, und zwar besonders durch Oberhäuser in Paris. Bei kleinen Spielzeugmikro-

skopen hat sich die Grundform des Trommelmikroskops bis heute gehalten.

Eine andere Form des Mikroskopfußes bestand aus einem mit abgebogenen Füßen versehenen Dreifuß aus Messingguß, an dem das übrige Stativ mit Zapfen befestigt war. Die bekanntesten Anhänger dieses Typs waren Powell & Lealand, und diese Firma baute derartige Mikroskopfüße von 1843 an bis in die Zeit des Ersten Weltkrieges. Mit dem gleichen Fuß sind berühmte Mikroskopmodelle der Firma Watson ausgerüstet, so z.B. das »Van-Heurck-Mikroskop« oder das »Edinburgh-Mikroskop«. Dieser Fußtyp trug in Deutschland die Bezeichnung »Englischer Mikroskopfuß«.

Andrew Ross führte im Jahre 1843 den flachen, Y-förmigen Fuß ein, der sich etwa 50 Jahre lang hielt und der auch von anderen Firmen nachgebaut wurde. Er ist an den beiden nach außen geschwungenen Vorderfüßen zu erkennen, die so typisch sind, daß man manchmal geradezu vom »Ross-Fuß« spricht.

Eine Abwandlung davon konnte sich auf dem europäischen Festland durchsetzen. Sie wies eine U-Form auf und war hinten oft noch mit einem kurzen Fortsatz versehen. Man bezeichnete derartige Mikroskopfüße allgemein als »Hufeisenfüße« und fand sie um 1900 an den meisten Mikroskopen der Firmen Zeiss und Leitz. Da zu dieser Zeit die deutschen Mikroskope das höchste Ansehen genossen, versahen Ross, Beck und andere englische Firmen ebenso wie Koristka in Mailand ihre Mikroskope ebenfalls mit derartigen Hufeisenfüßen.

Rohstoffe

Im gesamten 17. Jahrhundert sowie im ersten Viertel des 19. Jahrhunderts waren die Mikroskope aus Holz, Elfenbein und Pappe hergestellt sowie mit Leder, Pergament oder Fischleder (besonders Rochenleder) überzogen. Das Leder trug normalerweise Verzierungen aus goldenen Mustern, genauso wie die Bucheinbände aus der damaligen Zeit. Zur Herstellung von Linsenfassungen, aber auch ganzen Tubuskörpern, benutzte man bevorzugt Guajak-Holz, das aus Südamerika importiert wurde. Das ist ein sehr hartes und gleichzeitig ein so ungewöhnlich schweres Holz, daß es im Wasser untersinkt. Es hat eine dunkelbraune bis schwarze Farbe mit einem Stich ins Grünliche. Wenn Splintholz vorhanden ist, liefert dieses mit seiner gelbbraunen Färbung einen deutlichen Kontrast zum Kernholz. Guajakholz ist ebenso stabil wie Messing und man kann es sogar mit feinen, exakt funktionierenden Schraubgewinden versehen.

Im frühen 18. Jahrhundert kam Messing in Gebrauch. Es war ein teueres Metall und konnte preislich zunächst nicht mit Holz oder Pappe konkurrieren. Das Herstellen von Mikroskoptuben ging aber mit Messing schneller und außerdem unterlag es nicht den Verformungen und Abnutzungserscheinungen wie die Pappe. Mit der ansteigenden Nachfrage sank jedoch der Messingpreis und wegen seiner sonstigen Vorteile wurden ab 1780 die Mikroskopstative nur noch aus Messing hergestellt. Zwar baute man daneben auch einige Geräte aus Silber, jedoch ist davon nur ein knappes Dutzend bis in unsere heutige Zeit erhalten geblieben.

Bis zur Mitte des 19. Jahrhunderts wurden die Mikroskopstative fast vollständig aus Messing hergestellt. Um die Mitte dieses Jahrhunderts kam für den Fuß und die sich daran anschließenden Stativteile bei den billigeren Instrumenten lackiertes Eisen in Gebrauch. Zu Beginn des 20. Jahrhunderts baute man zahlreiche Mikroskopstative teilweise aus Gußeisen, das mit einem schwarzen Emailüberzug versehen war.

Kein Wissenschafts-Historiker oder Sammler darf das Schränkchen außer acht lassen, in dem sich das Mikroskop befindet. Die ältesten Modelle bestehen meist aus Eichenholz, manchmal aber auch aus Kiefernholz. Im 18. Jahrhundert stellte man solche Schränkchen im allgemeinen aus Nadelhölzern her und überzog sie auf der Außenseite mit schwarzem Fischleder und innen mit einem grünen Tuch oder rotem Samt. Aus Deutschland stammende Mikroskopschränkchen sind oft mit Sämischleder ausgekleidet.

In der zweiten Hälfte des 18. Jahrhunderts wurde für die Herstellung von Mikroskopschränkchen aller Art das Mahagoniholz immer beliebter. Dieses hielt seine Vorrangstellung bis gegen das Ende des 19. Jahrhunderts, als die besten Sorten kaum noch zu erhalten waren und der Preis entsprechend stieg. Deshalb benutzte man danach entweder afrikanische Hölzer oder härtere Nadelhölzer.

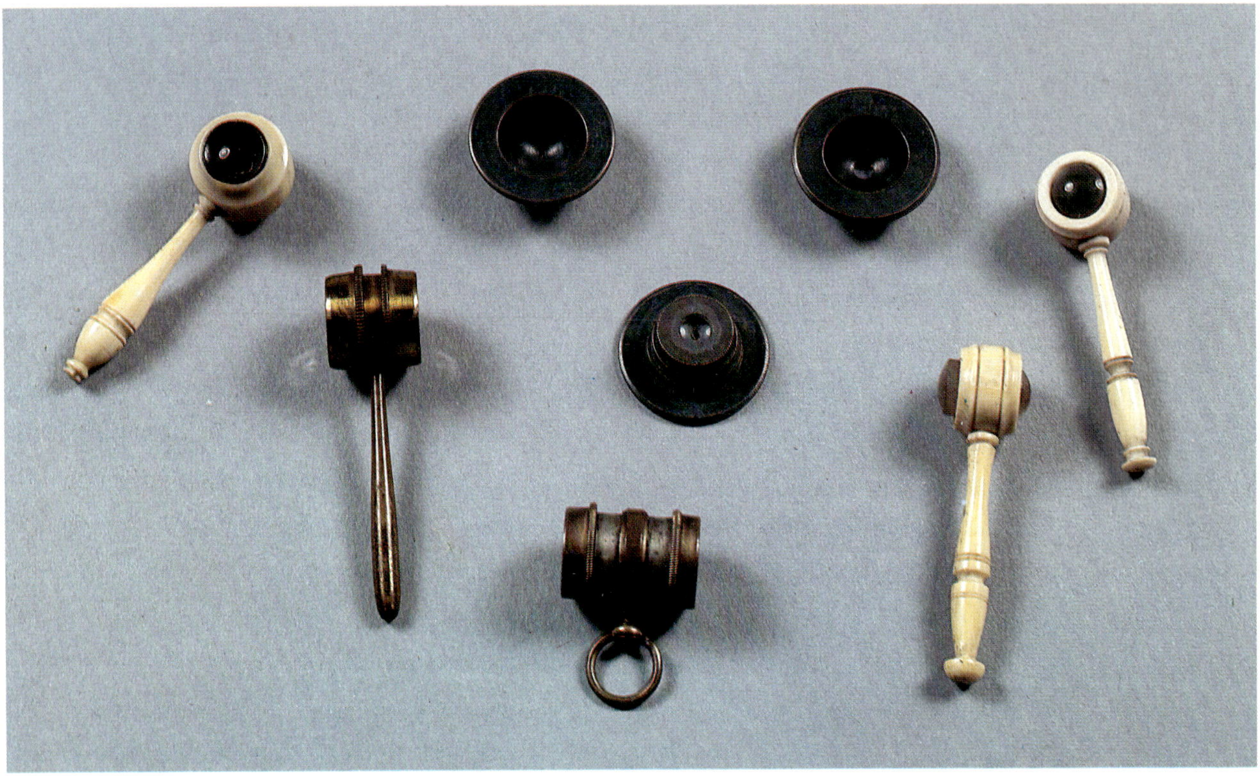

21 Eine Anzahl englischer einfacher Mikroskope aus der Mitte des 19. Jahrhunderts. In der Mitte ein Satz aus drei verschieden stark vergrößernden Objektiven für Präparierarbeiten. Bei den mit je einem Handgriff versehenen Linsen handelt es sich um die folgenden (von links nach rechts): Coddington aus Elfenbein und Messing; ein Vergrößerungsglas, das man an eine Uhrkette hängen konnte; zwei in Elfenbein gefaßte Stanhopesche Lupen. (MHS, Oxford).

3 Einfache Miskroskope

Natürlich ist es reizvoll, darüber zu spekulieren, warum nach der Erfindung der Brille, bei der man die vergrößernde Wirkung geschliffener und polierter Gläser ausnutzte, noch ganze drei Jahrhunderte vergehen mußten, bevor Linsen für die wissenschaftliche Erforschung des Mikrokosmos in Gebrauch kamen. Ein Grund dafür mag sein, daß Brillengläser Durchmesser von 2 bis 3 cm und Brennweiten von 10 cm und mehr aufweisen, so daß damit nur etwa 2fache Vergrößerungen zu erzielen sind. Erst als mit der Erfindung des Fernrohres das Interesse an der Konstruktion von Linsen und Linsensystemen geweckt wurde, kam man auf die Idee, den Durchmesser einer Linse bis auf etwa 2 bis 3 mm zu reduzieren, was zu Vergrößerungen von bis zu 100fach führte. Aber das war erst um 1600 der Fall.

Bei der Weiterentwicklung des Mikroskops diente das Fernrohr als Vorbild, weil sich dessen Leistungsfähigkeit zunächst schneller steigern ließ. So wurden auch Mikroskope gebaut, die aus mehreren Linsen bestanden. Man vermutete sogar, daß Galilei es war, der das Mikroskop erfand, indem er sein Fernrohr einfach in umgekehrter Position benutzte. Jedoch wiesen die zusammengesetzten Mikroskope in der damaligen Zeit noch schwerwiegende Mängel auf und man kam bei normalem Sehvermögen mit dem einfachen Mikroskop (oder dem »einzelnen« Mikroskop, wie Hooke es nannte) zu besseren Resultaten. In seiner Vorlesung »Microscopium«, die er im Jahre 1679 hielt, führte Hooke aus: »Ich habe festgestellt, daß es schlecht für die Augen ist, wenn man sie (d.h. die einfachen Mikroskope) benutzt, und mein Sehvermögen ist dadurch zu sehr angestrengt und geschwächt worden. Deswegen habe ich sie nicht mehr benutzt, wenngleich sie in der Tat ein Objekt klarer und schärfer abbilden und es dennoch genauso stark vergrößern wie die Doppelten Mikroskope; nein, wenn es die Augen aushalten, lassen sich mit dem Einzelnen Mikroskop die besseren Entdeckungen machen als mit dem Doppelten. Denn die Farben, die beim Doppelten Mikroskop die Sicht stören, treten im Einzelnen Mikroskop nicht auf.«

Zu Hookes Lebzeiten, also im späten 17. Jahrhundert, wurden einzelne, gefaßte Linsen gern zur Untersuchung von Insekten benutzt und deswegen als »Flohgläser« bezeichnet. Es handelte sich dabei um sehr einfache Vorrichtungen, die aus einer winzigen Linse bestanden. Diese war in einem Holz- oder Elfenbeinrahmen gefaßt und an einem Stativ befestigt, das außerdem ein Stück Draht oder eine Nadel zur Aufnahme der zu untersuchenden Objekte trug. Flohgläser können auch heute noch entdeckt werden, sind aber schwer zu datieren. Die meisten der bereits bekannten Exemplare stammen wohl aus dem 19. Jahrhundert, obwohl auch einige darunter sind, die älter sein dürften.

Einfache Mikroskope kamen auch bei ernsthaften wissenschaftlichen Untersuchungen zum Einsatz, wie bei den Arbeiten der Naturforscher Malpighi, Grew, Swammerdan und ganz besonders Antoni van Leeuwenhoek. Dessen berühmte Briefe an die Royal Society von London über seine »kleinen Tierchen« enthalten die ersten ausführlichen Berichte über mikroskopische Untersuchungen. Zwar fanden die Beobachtungen, die Hooke mit dem zusammengesetzten Mikroskop angestellt hatte, innerhalb kürzerer Zeit größere Beachtung, weil sie 1665 mit der berühmten »Micrographia« in Buchform erschienen. Jedoch erzielte Leeuwenhoek mit seinen winzigen Linsen, die er mit bemerkenswertem Geschick und großer Geduld zu handhaben verstand, ein überraschend hohes Auflösungsvermögen (um 2 m).

Leeuwenhoek stellte alle seine Linsen und die zugehörigen Fassungen selbst her. Nach seinem Tode vererbte er diese Instrumente seiner Tochter. Sie starb zwei Jahre später. Danach wurden 500 solcher kleinen Gerätchen auf einer Versteigerung veräußert, während 26 aus Silber bestehende einfache Mikroskope als Stiftung an die Royal Society nach London gelangten. Davon sind heute noch 9 Exemplare bekannt. Hinzu kommen drei weitere, die sich zweifelsfrei auf die Auktion des Jahres 1747 zurückverfolgen lassen. Alle diese Mikroskope befinden

22 Flohglas aus Elfenbein, das in geschlossenem Zustand einer Eichel gleicht. Nach Entfernung der kuppelförmigen Kappe sind die kleine Nadel zum Aufspießen der Objekte sowie die in ihrer Fassung befindliche winzige Linse zu sehen. Wenn die ebene Grundplatte abgeschraubt wird, läßt sich die Lebenszelle zusammen mit ihrer Linse entfernen. Das hier abgebildete Gerät stammt aus England. Sein Herstellungsdatum ist jedoch ebenso schwer festzulegen wie das aller anderen Flohgläser, unabhängig davon, ob sie nun aus Elfenbein oder aus Messing bestehen. Vermutungen gehen in das späte 18. Jahrhundert. (MHS, Oxford).

sich in Museen oder in privater Hand. Darüber hinaus wurden in Viktorianischer Zeit einige Kopien hergestellt, von denen die eine oder andere gelegentlich im Handel auftauchen kann. Kürzlich wurden jene 9 originalen Leeuwenhoekschen Mikroskope genauer untersucht. Dabei entpuppten sich viele der zugehörigen Linsen als geschliffene und polierte Glaskugeln. Daneben blies er aber auch Glaskugeln aus Glasrohren. Als Linse diente der kleine Glasknopf, der sich am Boden der Kugel bildet, ähnlich dem Wassertropfen, den man am Boden einer Seifenblase vorfindet. Solche geblasenen Linsen lieferten die beste Auflösung.

Zur Untersuchung der Blutzirkulation im Schwanz eines kleinen Fisches benutzte Leeuwenhoek einen anderen Mikroskoptyp. Dieser besaß einen Rahmen aus Messing, auf den man ein Glasfläschchen oder ein reagenzglasartiges Behältnis plazieren konnte, während der Linsenhalter am oberen Ende des Rahmens beffestigt war. Man nannte diese Geräte »Aalkijker« (wörtlich: Aaalgucker). Derartige Mikroskope wurden von Johan van Musschenbroek (1660–1707) aus Leyden hergestellt und in verschiedenen Abwandlungen in Holland und auch anderswo nachgebaut. Damit konnte man natürlich nicht nur Fische, sondern auch andere Wassertiere untersuchen. Instrumente aus Musschenbroeks Werkstätte sowie die zugehörigen Etuis sind leicht an seinem Firmenzeichen zu erkennen, das aus einer orientalischen Lampe und gekreuzten Schlüsseln besteht. Musschenbroek fertigte und verkaufte noch zwei weitere einfache Mikroskope. Der für schwächere Vergrößerungen vorgesehene Objekthalter bestand aus dünnen Messingstäben, die durch drei Kugelgelenke miteinander verbunden waren. Damit konnte

23 Dieses Bild zeigt, wie ein einfaches Leeuwenhoeksches Mikroskop zu handhaben ist. Man muß es sehr nahe vor das Auge halten.

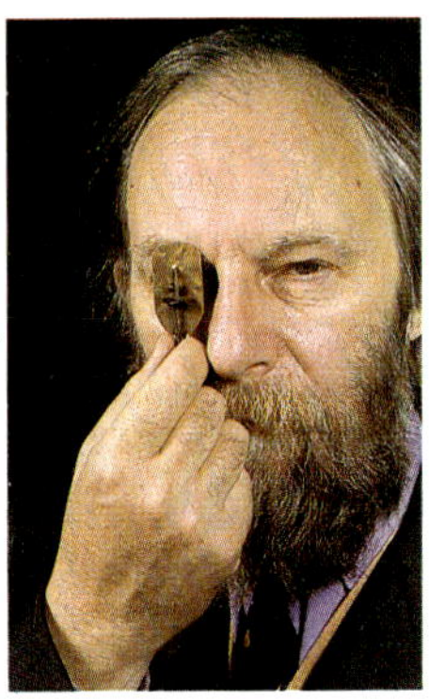

24 Ein Kupferstich mit einer Darstellung des Wassermikroskops von Leeuwenhoek, das er selbst als »Aalkijker« bezeichnete. Aus der 1722 gedruckten Ausgabe der Leeuwenhoekschen Briefe. Der Originalbrief (Epistola 66) und das Mikroskopmodell stammen aus dem Jahre 1689. Mit diesem Gerät kann man die Blutzirkulation in der Schwanzflosse eines Fisches untersuchen, der sich in einem Glasröhrchen befindet.

das Objekt zum Scharfeinstellen in die richtige Entfernung vor die Linse gebracht werden. Diese Kugelgelenke sind unter der Bezeichnung »Musschenbroeksche Nüsse« bekannt geworden und wurden auch von anderen Herstellern gebaut. Zu einem derartigen Gerät gehörten sechs verschiedene Linsen, die in hölzernen Fassungen montiert waren und zwischen 8- und 80fach vergrößerten. Bei Vergrößerungen von 50fach und darüber versagte allerdings diese Vorrichtung zur Scharfeinstellung, weil sie sich mit den »Nüssen« nicht genau regulieren ließ. Deshalb baute Musschenbroek noch ein anderes Stativ. Es bestand aus einem Messingstab, an dessen einem Ende eine Platte mit einem Scharnier beweglich befestigt war. Zwischen Stab und Platte befand sich eine Druckfeder, während man die Platte mit Hilfe einer Schraube auf die Messingstange zu oder von ihr weg bewegen konnte. Mit der Linse an ihrem freien Ende und dem Objekt auf der gegenüberliegenden Platte war eine exakte Scharfeinstellung gewährleistet. In unserer Zeit wurde dieser Mikroskoptyp von Historikern und Sammlern wegen seines Aussehens als »Zirkelmikroskop« bezeichnet.
Die typischen, im späten 18. Jahrhundert allgemein verbreiteten Zirkelmikroskope bestanden aus Messing und waren mit einem Handgriff aus Holz oder

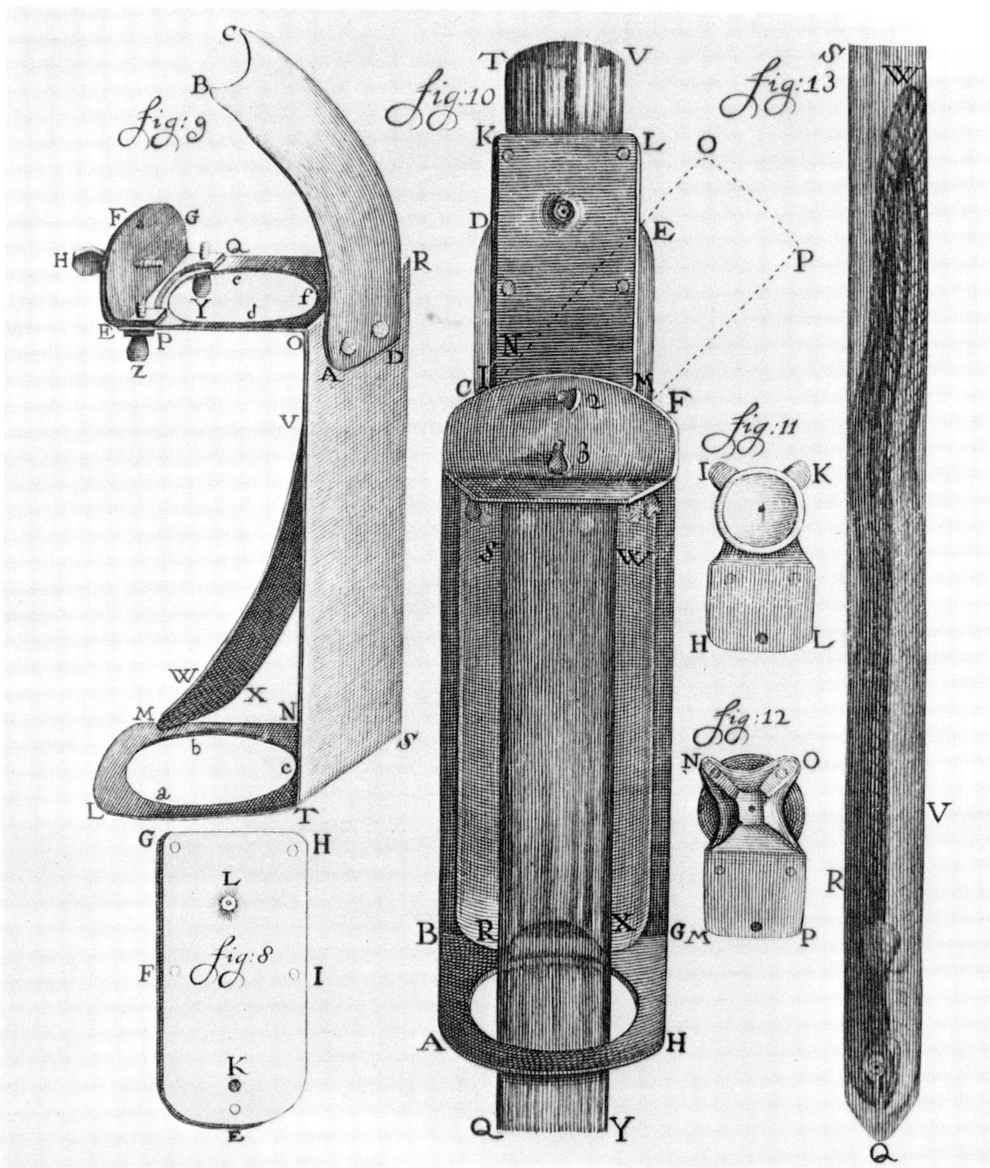

25 Einfaches Mikroskop von Musschenbroek für stärkere Vergrößerungen. Hergestellt in Leiden um 1700. Die kleinen Linsen werden in quadratischen Messingplatten gehalten. Diese sind auswechselbar und lassen sich am oberen Ende des Instruments in eine Halterung schieben. (MHS, Oxford).

Elfenbein versehen. Am freien Ende des Arms befand sich eine Augenmuschel, die auf der einen Seite zur Ausschaltung von Streulicht geschwärzt war. Einem derartigen Gerät wurden gewöhnlich vier verschieden stark vergrößernde Linsen beigegeben, die man in die Augenmuschel schraubte. Manche dieser Linsen waren von einem versilberten Hohlspiegel umgeben. Diese Vorrichtung hatte der deutsche Arzt und Anatom Dr. Johann Lieberkühn erfunden und mit ihr ließ sich das Licht auf die Oberfläche des zu untersuchenden Objekts reflektieren. Vor der Einführung dieser neuen Methode zur Auflichtbeleuchtung war es besonders bei Verwendung stärkerer Vergrößerungen fast unmöglich, ein undurchsichtiges Objekt hinreichend zu beleuchten. 1740 führte Lieberkühn der Royal Society in London seine Erfindung vor, und sie gehörte für die nächsten 150 Jahre zum Standard-Mikroskopzubehör. Noch heute spricht man vom »Lieberkühnspiegel«, und er wurde von George Adams unter der Bezeichnung »Opakes Mikroskop« angeboten.

In den letzten Jahren des 17. Jahrhunderts erfand der Holländer Nicolaas Hartsoeker (1654–1725) für das einfache Mikroskop eine Vorrichtung zur Scharfeinstellung, die in der einschlägigen englischsprachigen Literatur als »screw-barrel« bezeichnet wird. James Wilson führte sie in England ein, weswegen sie dort oft auch unter der Bezeichnung »Wilsonsches screw-barrel« bekannt ist. Dieser Mechanismus fand weite Verbreitung, nachdem ein Bericht darüber in Harrisons »Lexicon Technicum« veröffentlicht wurde, das im Jahre 1704 zum ersten Male erschien. Derartige Instrumente waren gewöhnlich mit sechs verschieden stark vergrößernden Linsen versehen. Das »screw-barrel« besteht aus einem mit steilem Gewinde versehenen Zylinder, der sich in eine weite Hülse (»barrel«) ein- und ausschrauben läßt. Damit können die zwischen Messingplatten gehaltenen Präparate scharf eingestellt werden. Die Hülse wurde entweder mit einem angeschraubten Handgriff gegen das Auge gehalten oder war auf einem besonderen Stativ montiert. Die berühmteste Ausführungsform des »screw-barrel« stammte von dem bekannten Londoner Instrumentenbauer Edmund Culpeper (um 1666–1738). Er baute ein Stativ mit einem zusammenlegbaren Dreifuß und einem am oberen Ende der Säule befindlichen Kugelgelenk, das die Hülse trug. Als Zubehör war ein mit Augenlinse versehener Tubus erhältlich, den man über die Fassung der Objektivlinse schrauben konnte. Somit ließ sich das Instrument in ein zusammengesetztes Mikroskop verwandeln. Das ganze Mikroskop wurde samt dem aus Schiebern und Pinzetten bestehenden Zubehör in einem eigens dafür vorgesehenen Kästchen aufbewahrt, das in der Regel aus schwarzem Fischle-

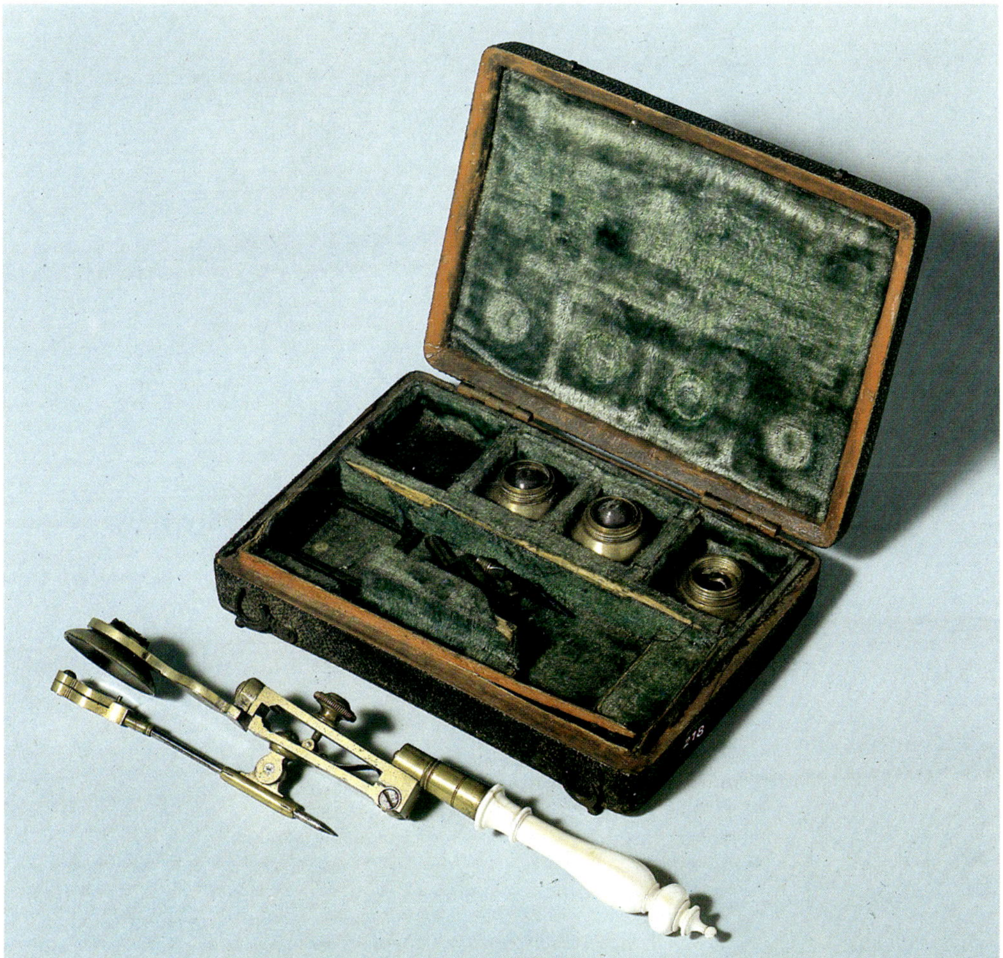

26 Englisches Zirkelmikroskop, zusammen mit vier einfachen Linsen. Jede von ihnen ist mit einem Lieberkühnspiegel aus Silber versehen, damit Licht auf das zu untersuchende Objekt reflektiert werden kann. Das Holzkästchen ist innen mit grünem Samt ausgekleidet und außen mit schwarzem Fischleder überzogen. Mitte des 18. Jahrhunderts. (MHS, Oxford).

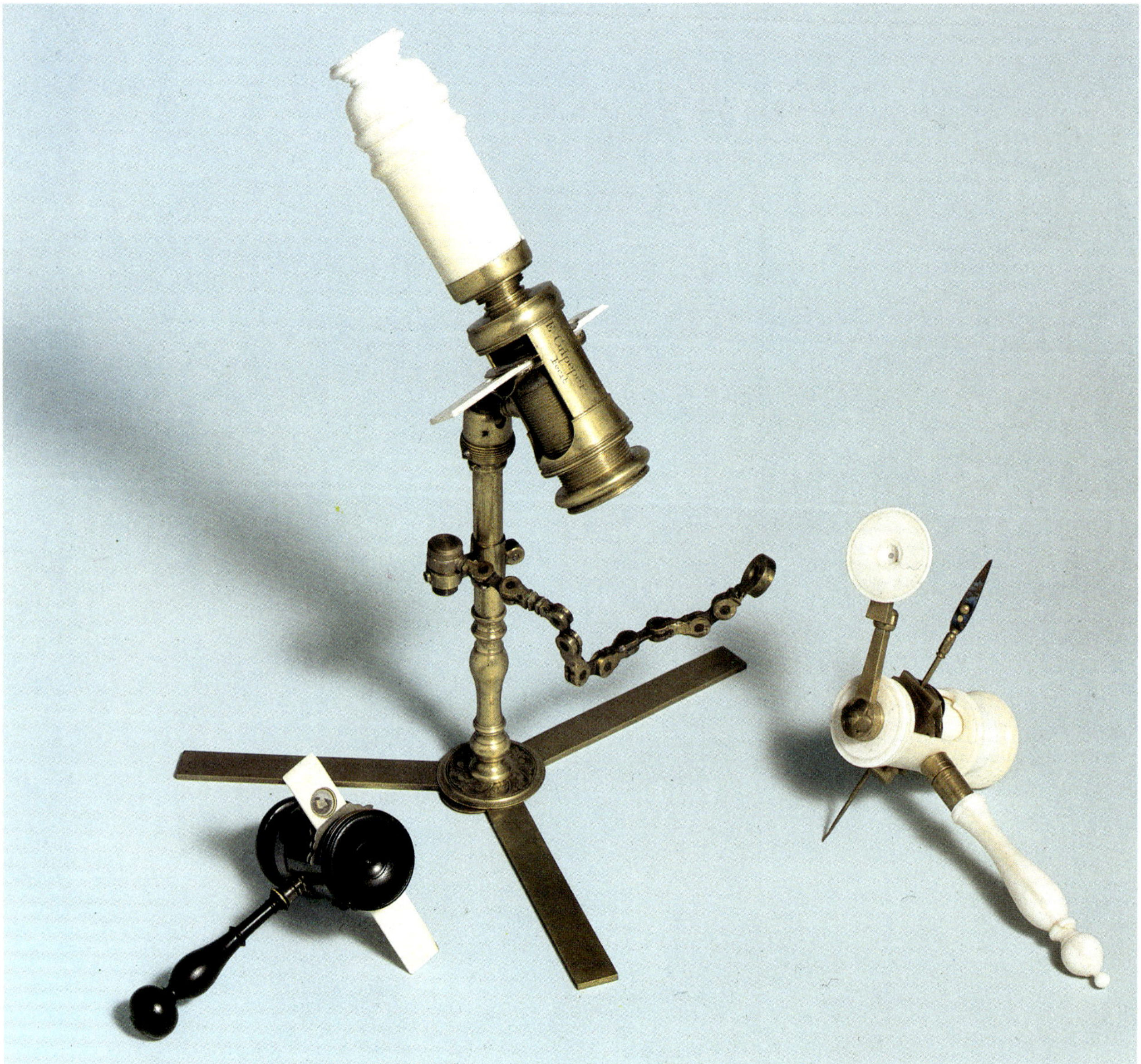

27 Drei englische »Screw-barrel«-Mikroskope aus dem frühen 18. Jahrhundert. Das linke besteht aus schwarz gefärbtem Elfenbein und das rechte aus ungefärbtem Elfenbein. Es ist mit einer speziellen Linsenhalterung zur Untersuchung undurchsichtiger Objekte versehen. Das mittlere »Screw-barrel«-Mikro-skop wurde aus Messing gefertigt und an eine Säule montiert, die sich auf einem Stativ befindet. Es weist außerdem einen zusammengesetzten Tubus aus Elfenbein auf, der für die Benutzung mit einer schwachen Objektivlinse vorgesehen war. Die Messinghülse trägt die Signatur: »E. Culpeper Fecit«. Der an der Säule befestigte, mit vielen Gelenken versehene Arm hielt die Beleuchtungslinse, die bei dem hier abgebildeten Exemplar nicht erhalten ist. (MHS, Oxford).

der bestand. Zur Verbesserung der Beleuchtung lieferte Culpeper eine auf einem verstellbaren Halter montierte große Linse.
Im 18. und 19. Jahrhundert untersuchte man mit dem Mikroskop die im Teichwasser schwimmenden Kleinlebewesen besonders gern. Infolgedessen wurde in der Zeit nach Musschenbroek das einfache Mikroskop so verändert, daß damit die Untersuchung von Wasserproben besonders einfach war. Diese Weiterentwicklung ist in erster Linie dem Engländer John Ellis (1710–1776) zu verdanken, der Amerika sowie die West- und Ostindischen Inseln als Naturforscher bereiste. Er wurde im Jahre 1754 zum Mitglied der Royal Society ernannt. Das Ellissche Wassermikroskop war speziell für die Beobachtung winziger Wassertiere vorgesehen, die sich in einem auf dem Objekttisch stehenden Uhrglas befanden. Gleichzeitig kann man dieses Gerät aber auch als eine frühe Form des Präpariermikroskops ansehen. Das erste Exemplar davon stellte John Cuff im Jahre 1752 für Ellis her. Es zeichnete sich dadurch aus, daß sich seine Objektivlinsen in zwei Richtungen verstellen ließen. Als Unterteil fungiert ein mit schwarzem Fischleder überzogenes Kästchen, auf dessen Oberseite ein Zapfen eingelassen ist, der die Säule hält. An deren oberen Ende befindet sich ein Arm,

28 »Screw-barrel«-Mikroskop aus Messing mit aufgesetztem zusammengesetztem Tubus, befestigt an einer verschnörkelten Säule, die ihrerseits auf einer Grundplatte aus Ebenholz steht. Holländisch, signiert mit: »G. Cramer Groningae Fecit«. Gerrit Cramer starb im Jahre 1755. (MHS, Oxford).

29 Ein Ellissches Wassermikroskop. Englisch, Mitte des 18. Jahrhunderts. Das Instrument läßt sich auseinandernehmen und in dem Kästchen unterbringen. (MHS, Oxford).

30 Präpariermikroskop nach dem Bauplan von Pieter Lyonnet, der von ihm im Jahre 1757 veröffentlicht wurde. Das hier gezeigte Exemplar stammt aus England, und zwar höchstwahrscheinlich von George Adams d.J., der es in seinen »Essays« im Jahre 1787 abbildete. Die Linsenfassung wird von mehreren sog. »Musschenbroekschen Nüssen« gehalten. (MHS, Oxford).

der mit seinem freien Ende einen Ring hält. Dieser nimmt das einlinsige Objektiv auf. Der Arm ist mit der Säule über ein besonderes Lager verbunden, das sowohl drehende Bewegungen als auch Verstellungen in der Horizontalrichtung gestattet. Dieser Mikroskoptyp wurde unter den damaligen Naturforschern binnen kürzester Zeit außerordentlich beliebt und deswegen von vielen Instrumentenbauern hergestellt, darunter besonders von George Adams und Dollond.

Obwohl das Ellissche Wassermikroskop als Vorläufer des modernen Präpariermikroskops angesehen werden kann, gibt es noch ein weiteres Gerät, das ganz speziell für feine Präparationsarbeiten entwikkelt wurde. Pieter Lyonnet (1707–1789) stellte es im Jahre 1757 den Mitgliedern der Holländischen Wissenschaftlichen Gesellschaft (Hollandsche Maatschappij der Wetenschappen) in Haarlem vor und beschrieb seine Erfindung in seiner 1762 erschienenen anatomischen Abhandlung. Das Unterteil dieses Mikroskops besteht aus einem Kästchen, das ein Schubfach (ursprünglich zwei Schubfächer) enthält. Auf der Oberseite des Kästchens steht eine Säule, die einen ovalen Tisch aus Mahagoniholz trägt. Darauf befindet sich ein durch sechs Musschenbroeksche Nüsse verstellbarer Linsenhalter, während auf der gegenüberliegenden Seite des Tisches eine Glasplatte eingelassen ist, auf der die Präparationsarbeiten vorgenommen wurden.

Allerdings erwiesen sich die Kugelgelenke am Lyonnetschen Mikroskop als unzweckmäßig, weswegen das Ellissche Mikroskop eine Weiterentwicklung erfuhr. Dazu wurde die Säule mit Zahntrieben versehen, die nicht nur der Scharfeinstellung, sondern auch zum Verschieben der Objekte dienten. Das vermutlich letzte Mikroskop dieser Art stellte G. Field im Jahre 1854 in Birmingham her und er gewann damit einen Preis, der ihm den Zugang zur Society of Arts in London verschaffte. Das als Unterteil dienende Kästchen besteht nunmehr aus Mahagoniholz. Aber abgesehen davon sieht das Gerät genauso wie sein einhundert Jahre älterer Vorgänger aus. Bemerkenswert ist allerdings, daß Field das komplette Mikroskop einschließlich dreier Einzellinsen sowie anderer Zubehörteile für nur etwas mehr als ein halbes Britisches Pfund liefern konnte.

Von etwa 1840 an sind die Präparationsmikroskope mit einer großen Glasplatte versehen, die als Objekttisch dient. Außerdem besitzen solche Geräte gewöhnlich Handauflagen aus Holz, Metall oder Kunststoff, die an beiden Seiten des Objekttisches befestigt sind und auf die der mit dem Mikroskop Arbeitende seine Hände legen kann, wenn er mit Nadel und Skalpell hantiert. Zum Transport des Gerätes lassen sich solche Handauflagen zusammenklappen oder abnehmen.

Der in Birmingham lebende Dr. William Withering (1741–1799) war ein bekannter Arzt und Mitglied der Lunar Society, der so bedeutende Männer wie James Watt, Erasmus Darwin, Josiah Wedgwood und Joseph Priestley angehörten. Zu seinen Lebzeiten wurde Withering wegen seiner Botanikbücher international bekannt, und seine Monographie über den Fingerhut wird auch heute noch als ein Klassiker der medizinischen Literatur geschätzt.

Die erste Auflage von Witherings großem Werk »A Botanical Arrangement of all the Vegetables Naturally Growing in Great Britain« (»Eine botanische Zusammenstellung aller wild wachsenden Pflanzen Großbritanniens«), die im Jahre 1776 erschien, enthielt u.a. auch die Beschreibung eines einfachen botanischen Mikroskops. Dieses enthält eine einzige Linse von 3- bis 5facher Vergrößerung. Sie ist in einer Messingfassung montiert, die ihrerseits von vier dünnen Messingstäben gehalten wird. Diese stecken in einer Platte aus Messing. Zur Scharfeinstellung bewegt man den Objekttisch an den Messingstäben nach oben oder unten. Das Gerät paßte in ein zylinderförmiges Ledereteui und wurde zusammen mit einer Pinzette, einer Nadel sowie einem Skalpell geliefert, dessen Handgriff aus Elfenbein bestand. Diese einfache Vorrichtung erlangte ebenfalls große Beliebtheit und wurde in verschiedenen Abwandlungen das ganze 19. Jahrhundert hindurch benutzt.

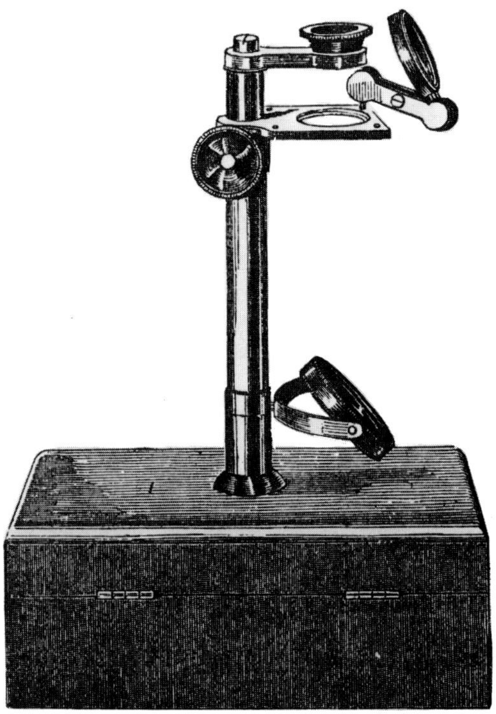

31 Das von der Society of Arts mit einem Preis ausgezeichnete einfache Mikroskop von G. Field aus Birmingham, dargestellt auf einem Holzschnitt aus »The Microscope« von William Carpenter (1856).

32 Drei Naturforscher-Mikroskope, die um 1800 in England hergestellt worden sind. Rechts die ältere Ausführung des Witheringschen Botanischen Mikroskops, das 1776 entwickelt worden war, zusammen mit dem zylinderförmigen Behältnis; in der Mitte das zusammenlegbare botanische Mikroskop von Withering aus dem Jahre 1792. Links der Vergrößerer für Naturforscher von W. und S. Jones, der 1798 erstmalig auf den Markt kam und fast im gesamten 19. Jahrhundert Anwendung fand. (MHS, Oxford).

In einer späteren, 1792 erschienenen Auflage des gleichen Werkes über die Botanik wird noch ein weiterer Typ eines botanischen Mikroskops beschrieben, das Dr. Withering gleichermaßen erfunden hatte. Es handelte sich dabei um eine verbesserte Ausführung des bereits früher beschriebenen Modells und schien wegen seiner gedrängten Bauweise besonders gut als Taschenmikroskop geeignet. Die Fassung der Einzellinse sowie der runde Objekttisch dieses kleinen, zusammenlegbaren Gerätes waren mit Scharnieren an der Säule befestigt. Diese stand auf der Unterseite des aufklappbaren Deckels eines Kästchens, das gleichzeitig als Mikroskopunterteil diente. Wenn man es öffnet, stellt sich die Säule automatisch auf, während gleichzeitig Linsenhalter und Objekttisch in die funktionsbereite Position gebracht werden. Die Zubehörteile, nämlich Pinzette, Skalpell, Nadel und Handlupe lassen sich ebenfalls in dem Kästchen unterbringen. Übrigens sah dieses äußerlich fast genauso wie die Behältnisse aus, in denen man im späten 18. Jahrhundert kleine Taschen-Münzwaagen aufbewahrte und von denen einige ebenfalls aus Birmingham stammen.

Für die einfachen Mikroskope benutzte man bis in die ersten Jahre des 19. Jahrhunderts bikonvexe Linsen, d.h. Linsen, deren beide Oberflächen nach außen gewölbt waren und die in der Regel die gleichen Krümmungsradien aufwiesen. Das führte zu chromatischer und zu sphärischer Aberration. Wenn diese beiden Bildfehler auch nicht so große Ausmaße annahmen, wie bei einem aus der gleichen Zeit stammenden zusammengesetzten Mikroskop, so waren sie doch mit verantwortlich dafür, daß die praktisch verwendbaren Vergrößerungen über ein bestimmtes Maß hinaus nicht gesteigert werden konnten. Im Jahre 1812 verlieh W.H. Wollaston (1766 bis 1828) der einfachen Lupe eine neue Gestalt und im Jahre 1829 veröffentlichte er eine verbesserte Ausführung davon. Die Wollastonsche Lupe bestand aus zwei plankonvexen Linsen, deren Brennweiten sich wie 1 : 3 verhielten. Die Linse mit der kürzeren Brennweite war gegen das Auge gerichtet, während die beiden planen Linsenoberflächen zum Objekt hin wiesen. Zwischen beiden Linsen lag außerdem eine Blende. Alle diese Maßnahmen führten zu einer so starken Schwächung der Abbildungsfehler, daß die Lichtstärke gesteigert werden konnte. Das brachte natürlich zwangsläufig auch eine bessere Auflösung. Diese Lupen sind unter der Bezeichnung »Wollastonsches Doublet« bekannt geworden.

Henry Coddington (gest. 1845), der als Lektor für Mathematik am Trinity College in Cambridge wirkte, gab im Jahre 1829 einen anderen Aufbau für ein einfaches Vergrößerungsglas bekannt. Man bezeichnete es als »Coddingtonsche Lupe« und sie bestand aus einer kleinen Glaskugel, in die entlang ihres Äquators eine Rinne eingeschliffen war, die als Blende wirkte. Eine derartige Lupe erzielte zwar nicht die gleichen guten Leistungen wie ein Doublet, war jedoch billig und gut als Handlupe zu gebrauchen.

Der Coddingtonschen Lupe gleicht die »Stanhopesche Lupe« weitgehend. Sie besteht aus einem dikken Glas mit zwei ungleichmäßig großen Krümmungsradien, wobei die stärker gewölbte Oberfläche dem Auge zugewandt ist. Die Objekte werden direkt auf die gegenüberliegende Oberfläche gelegt. Man benutzte solche Lupen, wenn bestimmte Objekte für eine spätere genauere Untersuchung auszuwählen waren.

In den zwanziger Jahren des vorigen Jahrhunderts erzielte man beträchtliche Fortschritte, was die Verbesserung der Auflösung der Mikroskopobjektive betraf. Das geschah auf zwei Wegen: Zum einen verlieh man den Glaslinsen neue Formen und zum anderen kamen für die Linsenfertigung neue Rohstoffe in Gebrauch. Es handelte sich dabei um Edelsteine, und darunter besonders um Diamanten und Saphire. Da das Ausmaß der Vergrößerung sowohl von der Linsenkrümmung als auch vom Brechungsindex des Materials abhängt, aus dem die Linse besteht, ergibt sich bei gleicher Linsenkrümmung eine stärkere Vergrößerung, wenn ein durchsichtiger Rohstoff mit höherem Brechungsindex zur Verfügung steht. Andrew Pritchard versuchte im Jahre 1824 als erster, Diamantlinsen herzustellen. Jedoch ließ sich dieses Material nur unter großen Schwierigkeiten schleifen und polieren, so daß man keinesfalls an eine serienmäßige Fertigung denken konnte. Dagegen wurde eine Anzahl Saphirlinsen hergestellt, und man kann einige davon heute noch gelegentlich als Bestandteil einfacher Mikroskope entdecken. Sie sind dort in Augenmuscheln montiert. Um die Mitte der dreißiger Jahre des vorigen Jahrhunderts wurden dann neue Doublets und Triplets aus Glas entwickelt. Besonders die nach den Angaben von Joseph Jackson Lister gefertigten optischen Systeme machten Edelsteinlinsen vollkommen überflüssig. Außerdem hätte man diese sowieso nie zu annehmbaren Preisen herstellen können.

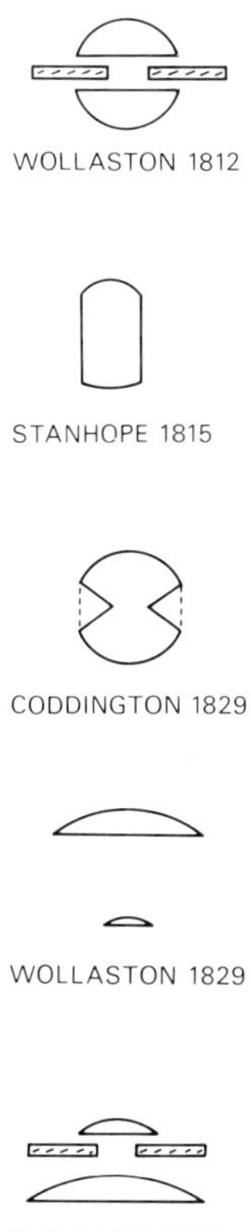

33 Form und Anordnung der Linsen in einfachen Mikroskopen aus dem frühen 19. Jahrhundert (schematisch).

34 Vier zusammengesetzte Mikroskope, die beim Gebrauch in der Hand gehalten werden mußten. Von links nach rechts: Ein sehr kleiner »Screw-barrel«-Typ, signiert mit: »E. Scarlett Soho London«, einem Brillenmacher aus London, der im Jahre 1743 starb; eine Nachbildung eines Instruments von Giuseppe Campani (1635–1715); eine Nachbildung eines Mikroskops von Eustachio Divini (1610–1685); ein wahrscheinlich aus Italien stammendes, in der Art Campanis gebautes Mikroskop aus dem frühen 18. Jahrhundert. (MHS, Oxford).

4 Dreifuß- und Trommelmikroskope

In den Kapiteln 2 und 3 wurde bereits erwähnt, daß der Tubus den Grundbestandteil eines zusammengesetzten Mikroskops darstellt, weil er die Linsen im zentrierten Zustand und im richtigen Abstand zueinander enthält. Darüber hinaus muß aber auch eine besondere Vorrichtung vorhanden sein, die den Tubus über dem zu untersuchenden Objekt hält. Im 17. Jahrhundert gab es dafür zwei verschiedene Bauprinzipien, nämlich:

1. den Dreifuß, bei dem der Tubus von drei Füßen über dem Objekt gehalten wurde. Diese Füße steckten unten manchmal in einer runden Holzscheibe, auf die man das Präparat legte. Manche derartigen Holzplatten waren zur Untersuchung transparenter Objekte in der Mitte durchbohrt. Es gab aber auch Beispiele, bei denen das Mikroskop lediglich aus dem Tubus und dem Dreifußstativ bestand.
2. den ausgeschnittenen Zylinder (wobei der Ausschnitt den Zutritt des Lichts ermöglichte), der mit Federn zum Festhalten der Präparate versehen war. Der Ausschnitt erlangte manchmal derartig große Ausmaße, daß nur noch zwei Reifen übrig blieben, die von zwei oder drei Stützen zusammengehalten wurden. Jedoch ließ sich auch dann noch die zylinderförmige Grundgestalt erkennen.

Die älteste bekannte Darstellung eines Mikroskops stammt aus dem Jahre 1631. Es handelt sich dabei um eine Zeichnung aus Isaac Beckmanns Tagebuch, die ein Dreifußstativ zeigt. Ein solches Gerät ist neben anderen Instrumenten auch auf John Yarwells Geschäftskarte abgebildet. Von der zweiten Hälfte des 17. Jahrhunderts an lassen sich zwei Entwicklungsrichtungen im Mikroskopstativbau unterscheiden. Eine davon wurde in Italien verfolgt, wo die Mikroskope klein waren und aus gedrehtem Holz oder Messing bestanden, während die andere, für England typische, durch größere, aus Holz, Pappe und Leder bestehende Geräte gekennzeichnet war.

Italienische Mikroskope aus dem 17. Jahrhundert

Im Jahre 1668 wurde in den Philosophical Transactions der Royal Society die Beschreibung eines Mikroskops veröffentlicht, das von dem bekannten ita-

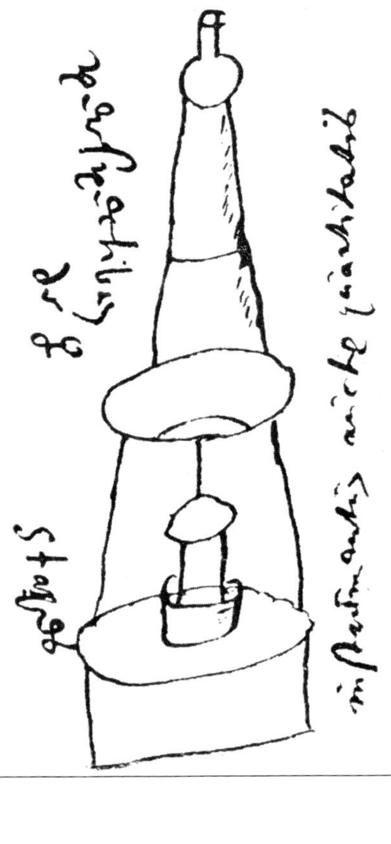

35 Die älteste Zeichnung eines zusammengesetzten Dreifußmikroskops, skizziert im Jahre 1631 von Isaac Beekman, einem holländischen Schulmeister. Aus: C. de Waard (Hrsg.): Journal tenu par Isaac Beeckman, Bd. 3. Den Haag, 1950, S. 442.

lienischen Fernrohrbauer Eustachio Divini entwikkelt worden war. Seine Höhe betrug etwa 40 cm und es war mit einer Anzahl Auszugtuben versehen. Giuseppe Campani, der in Rom verschiedene wissenschaftliche Instrumente baute, stellte sowohl Dreifüße als auch zylinderförmige Mikroskopstative her, war jedoch für die letzteren besonders bekannt. Seine Geräte besaßen zwei ungleich große, ineinandergeschraubte Tuben. Davon war der innere dagegen auf beiden Seiten mit einem Gewinde versehen. Der Abstand zwischen Präparat und Objektivlinse ließ sich verändern, wenn man den unteren Tubus in seiner Halterung drehte. Außerdem konnte das Okular durch Drehen des oberen Tubus verstellt werden. Federklemmen dienten zur Befestigung der Präparate. Zur Untersuchung transparenter Objekte war die Grundplatte in der Mitte mit einer Öffnung versehen. Dabei hatte man das Instrument gegen das Licht zu halten. Die älteste Abbildung eines solchen Mikroskops stammt aus dem Jahre 1686.

Gelegentlich taucht auch ein englisches Mikroskop auf, das in der kleinen italienischen Art hergestellt ist. Ein solches Exemplar, das von Edward Scarlett aus London signiert ist, stammt vermutlich aus den dreißiger Jahren des 18. Jahrhunderts.

36 Englisches Dreifuß-Mikroskop in der Ausführung, wie sie John Yarwell in den achtziger Jahren des 17. Jahrhunderts verkaufte. Es besteht aus Guajak-Holz, Pappe sowie Leder, das mit goldenen Verzierungen versehen ist. (MHS, Oxford).

Englische Mikroskope aus dem 17. Jahrhundert

In Museen sind einige wenige Dreifußmikroskope ausgestellt, die in den achtziger Jahren des 17. Jahrhunderts in England gebaut worden sind. Der Tubuskörper dieser Mikroskope besteht aus Pappe. Ihr innerer Tubus ist mit Pergament, ihr äußerer mit rotem Safianleder überzogen. Außen trägt der Tubus goldene Muster, wie sie die Bucheinbände dieser Zeit aufwiesen. Bei einer näheren Untersuchung dieser Muster kam man zu dem Schluß, daß die Tuben aller aus dem späten 17. Jahrhundert stammenden englischen Mikroskope und «ernrohre nur von einigen wenigen Werkstätten hergestellt wurden, während sich in den Vertrieb viele Londoner Händler teilten. Zum Scharfeinstellen läßt sich bei diesen Mikroskopen das untere Ende des Tubus in seiner Halterung nach oben oder unten schrauben. Diese Halterung besteht aus Horn oder Holz und steht mit drei Füßen auf einer runden Grundplatte. Die kleine Objektivlinse ist unten am Tubus in einer hölzernen Fassung befestigt, während die Feldlinse am oberen Ende des inneren Tubus liegt. Der äußere Tubus trägt das aus Holz bestehende Okular, das nur eine einzige Augenlinse enthält. Diese wurde bei Nichtgebrauch mit einem runden Behältnis abgedeckt, das außerdem zur Aufbewahrung weiterer Objektivlinsen diente. Bei manchen Geräten mußte man die Präparate über eine in der Grundplatte angebrachte Öffnung legen und das Mikroskop zur Beobachtung gegen das Licht halten. Es gibt aber auch Instrumente ohne Öffnung in der Grundplatte, die dann lediglich für Auflichtuntersuchungen zu gebrauchen waren.

Natürlich wird man heute nur höchst selten im Handel auf aus dem 17. Jahrhundert stammende Mikroskope stoßen. Gelegentlich taucht einmal eines auf einer Auktion auf, jedoch sind dann die Preise entsprechend hoch. Der Vollständigkeit halber ist es wichtig zu wissen, wie sich die Form der Mikroskope herausgebildet hat, die dann 200 Jahre lang hergestellt wurden. Interessante Informationen über das Aussehen von Mikroskopen aus dem 17. Jahrhundert liefern Kupferstiche. Trotzdem darf man von solchen Abbildungen keine buchstäbliche Genauigkeit erwarten, wie man das fälschlicherweise in der

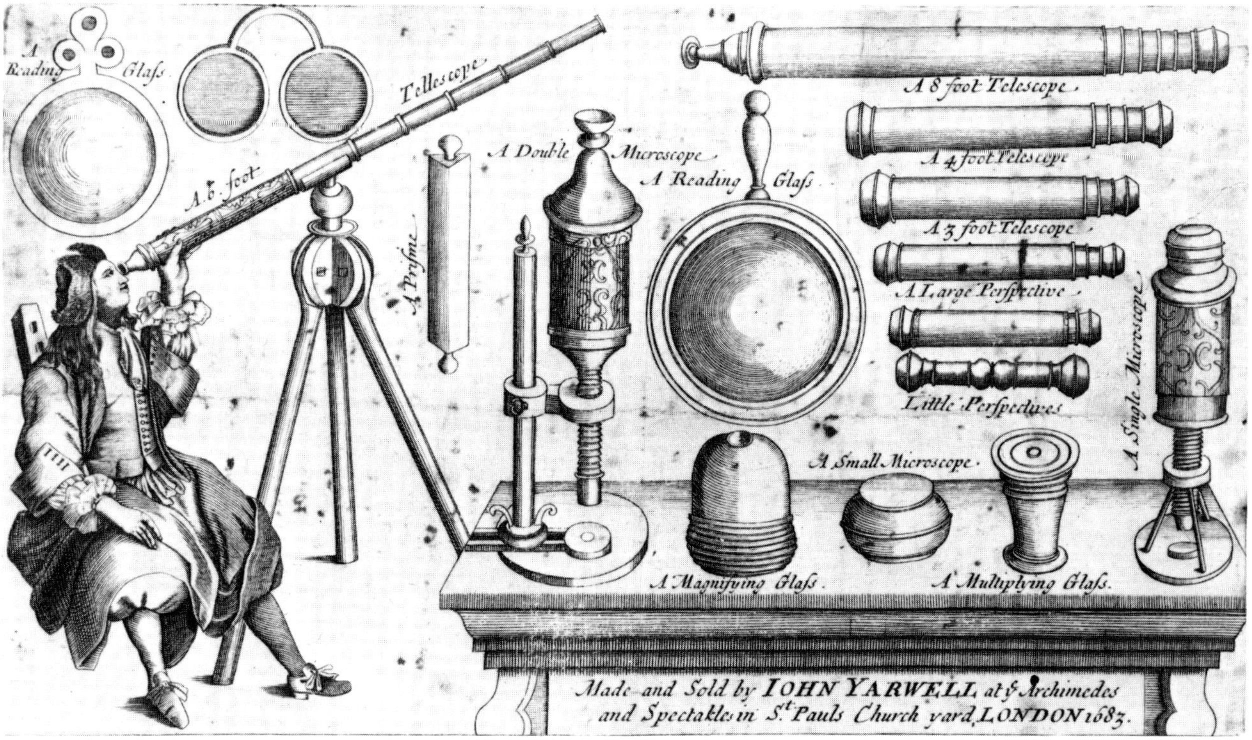

37 Geschäftskarte von John Yarwell (um 1648–1712) aus dem Jahre 1683. Die Objekte sind nicht maßstabsgetreu abgebildet. Man beachte die zusammengesetzten Mikroskope am linken und rechten Ende des Tisches und vergleiche sie mit den Abbildungen 36 und 48 (WMHS, Cambridge).

Viktorianischen Zeit tat und was viel Verwirrung stiftete. So hatte für einen Kupferstecher des 17. und 18. Jahrhunderts ein genauer Maßstab keinerlei Bedeutung. Wenn er irgendeine Einzelheit deutlicher herausheben wollte, stellte er sie einfach größer dar, und das selbst dann, wenn am Ende das Mikroskop größer als ein ganzer Mensch ausfiel. So erscheinen auf Yarwells Geschäftskarte alle von ihm lieferbaren Geräte so deutlich wie nur irgend möglich, ohne Rücksicht auf die jeweiligen Größenverhältnisse.

Das Culpepersche Dreifußmikroskop

Um 1725 erfuhr das Dreifußmikroskop eine bedeutende Wandlung und Verbesserung. Dieses Verdienst wird allgemein Edmund Culpeper (um 1666–1738) zugeschrieben. Die wichtigste Neuerung stellte dabei der unter dem Objekttisch angeordnete Spiegel dar, weil man nun nicht mehr das ganze Instrument gegen das Licht halten mußte. Der gesamte Aufbau ist noch nicht sehr kompliziert, denn der Objekttisch und der Tubus wurden lediglich von zwei übereinanderstehenden Dreifüßen aus Messing gehalten. Das ermöglichte einen günstigen Preis und führte zu einem guten Absatz. Der äußere Tubus besteht wie bei den von Marshall gefertigten Geräten aus Pappe, die mit grün gefärbtem Fischleder und manchmal auch mit Leder überzogen ist. Zum Scharfeinstellen wird der innere Tubus einfach im äußeren verschoben. Zu den Zubehörteilen gehören neben dem Bonannischen Objekttisch und Pinzetten auch Schieber aus Elfenbein, auf die die zu untersuchenden Objekte kamen. Das Ganze

läßt sich in ein pyramidenförmiges Schränkchen aus Eichenholz verpacken, an dem Culpepers Geschäftskarte angebracht ist. Am Ende des 17. Jahrhunderts ist der Name Culpeper eng mit diesem Mikroskoptyp verbunden, und diese Assoziation hat sich unter Sammlern und bei Versteigerungen bis heute gehalten.

Es wärc natürlich sehr interessant zu wissen, wie viele Exemplare dieses besonderen Mikroskoptyps Culpeper wirklich hergestellt hat. Er selbst war von Haus aus Graveur, lernte sein Handwerk bei Walter Hayes und übernahm noch vor 1700 dessen Anwesen mit dem »Haus zu den gekreuzten Dolchen« im Londoner Stadtteil Moorfields. Es ist möglich, daß Culpeper zunächst ebenso wie sein früherer Lehrmeister lediglich mathematische Instrumente herstellen wollte. Später entschloß er sich jedoch zu einer Erweiterung seines Lieferprogramms und baute auch die kleinen einfachen Wilsonschen Mikroskope aus Elfenbein und Messing mit zusammenlegbaren Füßen. Jedoch ist es sehr gut möglich, daß er die großen Dreifußmikroskope, zu deren Herstellung abgesehen von den Linsen keine besonderen handwerklichen Fähigkeiten erforderlich sind, aus anderen Werkstätten bezog. Das bedeutet jedoch nicht, daß er nicht selbst auch an der Gestaltung des Dreifußmikroskops mitgewirkt hat, das später einmal seinen Namen tragen sollte.

Wer sich eine Anzahl Culpeperscher Mikroskope betrachtet, die im 18. Jahrhundert von den verschiedenen Instrumentenbauern auf den Markt gebracht wurden, etwa von Matthew Loft, James Ayscough, John Cuff, George Adams d.Ä., Benjamin Martin, Edward Nairne und George Adams d.J., stellt überrascht fest, daß die Grundform fast überall gleich blieb. Verschieden sind nur die Rohstoffe, aus denen diese Instrumente bestehen. Dabei handelt es sich um Holz und Leder, Holz und Messing bis hin zu reinem Messing. Hinzu kommt das an der Basis befindliche Kästchen, das aus Mahagoniholz bestand und ein Schubfach für das Zubehör enthielt. Die Gestalt des pyramidenförmigen Schränkchens erinnert etwas an ein Behältnis für ein Metronom und blieb ebenfalls gleich. Die einzige Änderung betraf das Holz, indem man in der Mitte des Jahrhunderts von Eichenholz auf Mahagoni überging.

Das Culpepersche Dreifußmikroskop konnte sich bis weit in das folgende Jahrhundert hinein behaupten. Zu den Namen, die auf solchen aus der ersten Hälfte des 19. Jahrhunderts stammenden Mikroskopen verzeichnet sind, gehören: Bate, Blunt & Son, G. u. C. Dixey, Gough, Wm. Harris & Co., T. Harris & Son, W. & S. Jones, Lincoln, Mackenzie, Rubergall, Silberrad. Aus dem Umfang der Namensliste und der verblüffenden Ähnlichkeit, die diese Instrumente trotz der verschiedenen Namen aufweisen,

39 Typisches Beispiel für ein Mikroskop vom beliebten Culpeperschen Typ aus der Mitte des 18. Jahrhunderts. Es ist zwar von Thomas Wright (dessen Geschäft zwischen 1705 und 1748 seine Hochblüte erlebte) aus London signiert, wurde jedoch von diesem höchstwahrscheinlich nur verkauft. Man beachte das achteckige Kästchen, das bei den aus den vierziger Jahren des 18. Jahrhunderts stammenden Geräten als Fuß diente. Das Zubehör umfaßt eine Fischplatte, eine Talkzelle, Objektive, Pinzette, Lebenszelle, Kegel zum Abblenden des Lichts, Messingrad für die zu untersuchenden Objekte und Schieber aus Elfenbein. (RSM, Edinburgh).

◀ *38 Eine frühe Ausführung des Culpeperschen Dreifußmikroskops mit dem pyramidenförmigen Behältnis aus Eichenholz aus den zwanziger Jahren des 18. Jahrhunderts. An der Rückwand des Behältnisses ist Edmund Culpepers Geschäftskarte angebracht. Die am oberen Ende des Tubus befindliche Staubschutzkappe ist als flache Dose gestaltet und enthält die restlichen Objektivlinsen. (MHS, Oxford).*

40 Drei englische Mikroskope vom Culpeperschen Typ. Von links nach rechts: wahrscheinlich von George Adams d. Ä., um 1760; signiert mit: »NAIRNE and BLUNT London«, um 1780; signiert mit: »W. and S. Jones, 135 Holborn, London«, um 1798. (MHS, Oxford).

kann man auf die Struktur des wissenschaftlichen Instrumentenmarktes in London schließen. Es gab dort spezialisierte Werkstätten, von denen nur wenige Mikroskope herstellten, die dann von zahlreichen Händlern vertrieben wurden.

Das Trommelmikroskop

Das zu Beginn dieses Kapitels beschriebene Mikroskopstativ mit dem ausgeschnittenen Zylinder bildete den Vorläufer des »Pocket Reflecting Microscope« (»Taschen-Reflexionsmikroskop«) von Benjamin Martin. Er brachte dieses Modell im Jahre 1738 in den Handel, als er vor der Gründung seines Londoner Geschäftes noch in Chichester wohnte. Das einzige Neue daran war der unter dem Objekttisch angeordnete Spiegel, mit dem Licht durch transparente Objekte geschickt werden konnte. Auf diesen bezog sich das Wort »Reflecting« in der Bezeichnung für das Mikroskop. Bei den ersten Modellen war der Spiegel an einem Scharnier befestigt. Er mußte vor Gebrauch aus dem Unterteil des Zylinders herausgezogen und nach Abschluß der Untersuchungen wieder zurückgeklappt werden. Das von Martin verfaßte Buch »Micrographia Nova«, das im Jahre 1742 erschien, enthält einen Kupferstich mit dem Instrument in natürlicher Größe. Daneben ist noch ein Okularmikrometer zu sehen, denn Martin gehörte zu den ersten Instrumentenbauern, die die Bedeutung mikroskopischer Messung erkannten.
Einige Martinsche Mikroskope dieses Typs sind in Sammlungen erhalten geblieben; sie stammen aus seiner Londoner Zeit, die von 1756 bis zu seinem Tod im Februar 1782 dauerte. Sein Geschäft befand sich in einem Gebäude, das nach 1767 die Anschrift Fleet Street 173 erhielt. Die für diesen Mikroskoptyp gebräuchliche Bezeichnung »Trommelmikroskop« geht nicht auf Martin zurück. Wahrscheinlich leitet sich der Name von dem trommelförmigen Teil unterhalb des Objekttisches ab, wo sich bei späteren Modellen der Spiegel befand. Diese Instrumente bestanden ursprünglich aus Pappe, Rochenleder, Holz und Messing, während man sie später vollständig aus Messing baute.
In England erlangte das Trommelmikroskop in den Jahren zwischen 1820 und 1850 die größte Beliebtheit. Viele Händler verkauften es in der Provinz, und in den Katalogen der Firma Negretti & Zambra wird es sogar noch in den siebziger Jahren des 19. Jahrhunderts angeboten.
In Frankreich wurde das von Martin entwickelte Mikroskopstativ das ganze 19. Jahrhundert über nachgebaut und auch exportiert. Außerdem stellte man dort das einfache zylinderförmige Mikroskop her. Es bestand aus dünnem Messing, war mit einem

41 Ein Kupferstich, der in dem von Benjamin Martin verfaßten Buch »Micrographia Nova: or a Treatise on the Microscope, and Microscopic Objects« (»Micrographia Nova: oder eine Abhandlung über das Mikroskop und mikroskopische Objekte«) (Reading, 1742) als Titelbild diente. Die im Tubus dieses Trommelmikroskops befindlichen optischen Bestandteile sind auf der Schnittzeichnung deutlich zu erkennen.

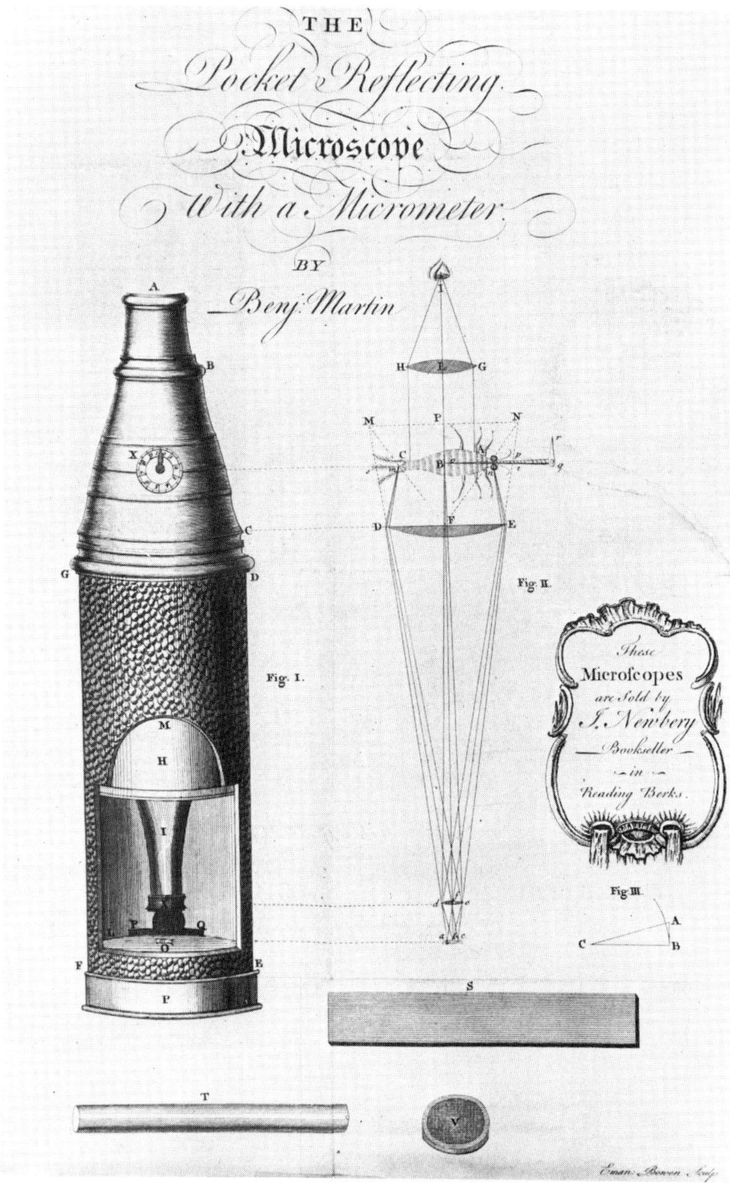

LONDON

43 Trommelmikroskop aus den vierziger Jahren des 19. Jahrhunderts, zusammen mit dem Mahagonikästchen und dem Zubehör. Es ist mit »Lennie Edinburgh« signiert, jedoch dürfte es sich dabei nur um den Händler und nicht um den eigentlichen Hersteller handeln.

◀ *42 Drei von Benjamin Martin (1704–1782) hergestellte Trommelmikroskope. Das mittlere Gerät besteht ebenso wie das linke aus Guajak-Holz, Pappe, Fischleder und Messing. Beide sind mit: »B. MARTIN LONDON« signiert und stammen aus der Zeit um 1760. Das rechte, vollständig aus Messing gebaute Mikroskop entstand um 1780. (MHS, Oxford).*

Schieber versehen und diente als Spielzeug. Sogar die führenden Mikroskophersteller von Paris nahmen die Trommel (»tambour«) in ihr Lieferprogramm auf. So fertigten sowohl Georges Oberhäuser (seit etwa 1840) als auch C.S. Nachet (in den fünfziger Jahren des 19. Jahrhunderts) je ein Mikroskop mit zylinderförmigem Unterteil. Dieser wies einen Ausschnitt auf, damit Licht auf den unter dem Objekttisch befindlichen Spiegel gelangen konnte. Der über dem Objekttisch befindliche Tubus war an einer exzentrischen Säule befestigt, an der sich eine Schraube für die Scharfeinstellung befand. In dieser Beziehung bestand also ein grundlegender Unterschied zu dem von Martin entwickelten Instrument.

Nürnberger Mikroskope

Die Stadt Nürnberg war für ihre leistungsfähige Handwerkerschaft weit bekannt und bildete u.a. auch ein Zentrum für die Herstellung und den Vertrieb einfacher Holzspielsachen, von denen einige aus dem Schwarzwald und aus Tirol stammten. Darunter befanden sich auch leichte, aus Weichholz hergestellte Mikroskope mit Auszugtuben aus Karton und gemustertem Papier, die man für wenig Geld kaufen konnte. Dabei waren zwei Modelle be-

44 Dreifuß- und Trommelmikroskop in der Ausführung, wie sie gewöhnlich als »Nürnberger Mikroskop« bezeichnet wird (beide mit der Signatur »IM«). Sie bestanden meist aus Weichholz und waren mit Auszugtuben aus Pappe und verziertem Papier versehen. Wegen ihres geringen Gewichtes und niedrigen Preises fanden sie in der ersten Hälfte des 19. Jahrhunderts als Spielzeuge weite Verbreitung. (MHS, Oxford).

sonders beliebt, nämlich der Culpepersche Dreifuß sowie ein Trommelmikroskop, das in vielen Punkten dem Martinschen Modell glich. Die meisten der heute noch vorhandenen Nürnberger Mikroskope wurden von zwei Händlern vertrieben. Deren Initialen sind mit einem heißen Eisen in die Grundplatte gebrannt und lauten I.M. (in einem Kreis) bzw. J.F.F. (in einem Herz), während man andere Monogramme nur auf wenigen Instrumenten vorfindet.

Die Scharfeinstellung all dieser Geräte erfolgte ebenso wie bei ihren englischen Vorbildern, und zum Halten der großen, hölzernen Schieber diente eine auf dem Objekttisch befindliche Feder. Zu den Nürnberger Mikroskopen gab es kein weiteres Zubehör.

Die Nürnberger Mikroskope werden allgemein dem 18. Jahrhundert zugeschrieben, obwohl dafür keine zwingenden Gründe bestehen. Es befindet sich eine Vielzahl solcher Geräte in Museen sowie im Handel und die meisten davon dürften erst in der ersten Hälfte des 19. Jahrhunderts hergestellt worden sein. Zu diesem Schluß kommt man jedenfalls nach einer genaueren Untersuchung ihres Aufbaus.

Das klinische Mikroskop nach Beale

Das klinische Mikroskop nach Beale kann man, wenn man so will, als eine Modifikation des Martinschen Trommelmikroskops ansehen, obwohl es eher einen Rückfall auf die italienischen Mikroskope des 17. Jahrhunderts verkörpert. Der Professor für Physiologie am Kings College zu London, Lionel S. Beale, hatte das Gerät um 1860 für Demonstrationen bei der klinischen Ausbildung konstruiert. Dabei wurde der Objektträger von Federklemmen gegen einen Messingring gedrückt, der unten an der zylinderförmigen Halterung des Tubus befestigt war. Von diesem Gerät gab es eine Taschenversion sowie eine weitere Ausführung, die zusammen mit einer kleinen Petroleumlampe horizontal auf einem Holzbrett montiert war. Diese diente zur Ausbildung auf Krankenstationen, erinnerte jedoch gleichzeitig an eine Abbildung aus dem Jahre 1686, auf der Ärzte bei der Benutzung von Mikroskopen Campanis zu sehen sind.

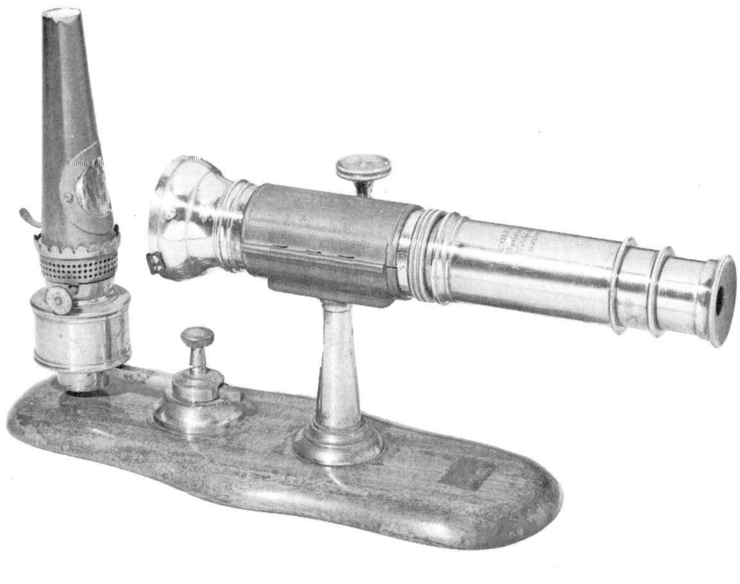

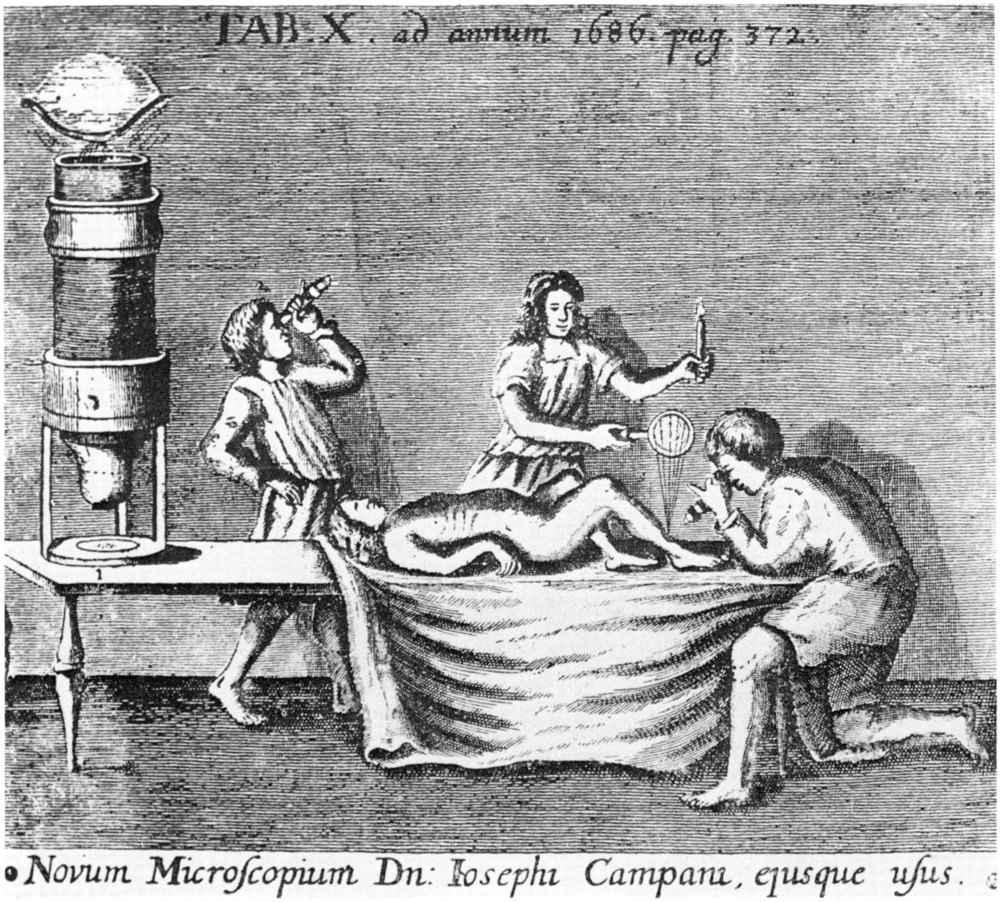

45 Klinisches Demonstrationsmikroskop, das zusammen mit einer Öllampe auf einem Brett montiert ist. Gebaut nach Plänen von Dr. Lionel S. Beale. Es trägt das Signum: »C. COLLINS, Optician, 77 Gt. Titchfield St., LONDON« und stammt aus der Zeit um 1870. Sein Preis betrug drei Guineen. (MHS, Oxford).

46 Eine Abbildung, die in der »Acta eruditorum« erschien. Sie zeigt eine vergrößerte Ansicht eines Campanischen Mikroskops sowie die Art, in der man es handhabte.

47 Dieses sehr große zusammengesetzte englische Mikroskop trägt die Signatur: »John Marshall Fecit« und mag aus der Zeit um 1720 stammen. Das als Fuß dienende achteckige Kästchen besteht aus Walnußholz mit Randleisten aus Ebenholz. Der Tubuskörper ist aus Ebenholz, Pappe, grün gefärbtem und verziertem Pergament sowie grauem Rochenleder gefertigt. (MHS, Oxford).

5 Die exzentrische Säule: Von Hooke bis Lister

Robert Hooke war wahrscheinlich der erste, der ein zusammengesetztes Mikroskop mit exzentrischer Säule konstruierte und außerdem eine Feldlinse als drittes Element für die Mikroskopoptik benutzte. Er veröffentlichte eine Beschreibung und eine Abbildung dieses Modells in der »Micrographia«, die im Januar 1665 mit Billigung der Royal Society erschien. Samuel Pepys trug in sein Tagebuch unter »20. Januar« folgendes ein: »Ging zu meinem Buchhändler und nahm Hookes Buch über Mikroskopie mit nach Hause. Es ist ein ganz hervorragendes Stück und ich bin sehr stolz darüber.« Weite Kreise hatten die gleiche Meinung wie Pepys, und als Folge davon nahm sowohl die Popularität der Mikroskopie als auch die Nachfrage nach Mikroskopen gewaltig zu. Hooke unterstützte den Londoner Instrumentenbauer Christopher Cook bei der serienmäßigen Fertigung von Mikroskopen und gab ihm außerdem manchen Tip zur Verbesserung der Geräte. Möglicherweise hat Cook u.a. auch genau das Instrument gebaut, das in der Micrographie abgebildet ist. Auf jeden Fall steht fest, daß durch den Erfolg dieses Buches, in dem ein zusammengesetztes Mikroskop mit exzentrischer Säule abgebildet war, sich eben dieses Mikroskopmodell bei Herstellern und Kunden etablierte.

Robert Hooke war ein Genie unter den Mechanikern und entwickelte sich zu einem der berühmtesten Physiker seiner Zeit. Nach Abschluß seiner Studien an der Universität Oxford blieb er zunächst dort als Assistent von Robert Boyle und half ihm bei seinen Gasexperimenten. Dabei konstruierte er für seinen Chef die berühmte Luftpumpe, die im 18. Jahrhundert bei wissenschaftlichen Demonstrationen zu den wichtigsten Geräten gehörte. Man würde sie heute als Vakuumpumpe bezeichnen. Im Jahre 1662 wurde Hooke von der Royal Society zum »Curator of Experiments« ernannt und zog deswegen nach London. Jedoch muß er bereits in Oxford intensiv an seiner »Micrographia« gearbeitet haben, denn er schreibt selbst, daß er die Milbe (Beobachtung Nr. 50) im September in Oxford untersucht habe. Er benötigte einige Jahre, um seine bahnbrechende Arbeit auf dem Gebiete der Mikroskopie fertigzustellen. Sie enthält 57 ausführliche Beschreibungen mikroskopischer Untersuchungen und ist mit großen Kupferstichen illustriert, die nach Hookes eigenhändigen Zeichnungen angefertigt wurden.

Um das Jahr 1690 waren John Yarwell (1648 bis 1712) und John Marshall (1663–1725) die beiden führenden Instrumentenbauer in London. Yarwell eröffnete im Jahre 1697 in der Ludgate Street einen Laden und kennzeichnete ihn mit einem Firmenschild, auf dem Archimedes zusammen mit drei goldenen Brillen zu sehen war. Sein Geschäft war das erste nach dem Ort Ludgate selbst und grenzte unmittelbar an das Anwesen von Marshall. Die beiden entwickelten sich zu harten Konkurrenten und ihre Rivalität artete in einen Reklamekrieg aus. Beide hingen laufend Plakate aus, auf denen sie ihre eigenen Produkte mit ausgefallenen Sprüchen anpriesen. Yarwells Geschäftskarte (Tafel 37) zeigt ein Mikroskop mit exzentrischer Säule, die auf der Grundplatte des Instruments steht. Im Gegensatz dazu besitzen alle Marshallschen Mikroskope ein Kästchen, auf dem die Säule mit einem Kugelgelenk befestigt ist. Anscheinend hat keines der von Yarwell selbst signierten Mikroskope bis heute überdauert. Jedoch gibt es einige Instrumente, von denen man allgemein annimmt, daß sie aus seiner Werkstatt stammen, denn sie sehen fast genauso aus wie das auf seiner Geschäftskarte abgebildete Gerät. Fernrohre mit der Signierung von Yarwell sind dagegen bekannt. Marshall signierte einige seiner Mikroskope, indem er seinen Namen mit Tinte in das Schubfach schrieb, das in dem als Mikroskopfuß dienenden Kästchen steckte und in dem sich das Zubehör befand. Es gibt aber auch Exemplare, bei denen sein Name auf dem aus Leder bestehenden Tubus mit goldenen Buchstaben verzeichnet ist. Ein von einem dieser beiden Hersteller stammendes Mikroskop zu entdecken, wäre heutzutage natürlich eine Sensation. Immerhin ist das nicht vollkommen aus-

48 Schönes Beispiel eines Mikroskops, wie es für die Zeit zwischen 1670 und 1690 typisch war und das möglicherweise von John Yarwell aus London stammt. Es ähnelt einem der auf seiner Geschäftskarte aus dem Jahre 1687 (siehe Seite 39) abgebildeten Mikroskope und besteht aus Walnußholz, Pappe, verziertem Leder und Messing. (RSM, Edinburgh).

zuschließen, denn vor einigen Jahren fand man einen Tubus von Marshall, der auf ein Stativ aus dem späten 18. Jahrhundert montiert war.

Im Jahre 1697 zeigten sowohl Yarwell als auch Marshall ein neues Mikroskop für die Untersuchung der Blutzirkulation an. Zwar hatte William Harvey seine bedeutsame Hypothese wesentlich früher aufgestellt und die von Marcello Malpighi vorgenommene mikroskopische Untersuchung der Blutkapillaren stammt immerhin bereits aus dem Jahre 1660. Jedoch wurden von der Royal Society erst gegen Ende des 17. Jahrhunderts Experimente zur Blutzirkulation und Transfusion angestellt, was das öffentliche Interesse an diesem Problem weckte. Dabei erntete Marshall einen beachtlichen Erfolg, weil sein mit exzentrischer Säule versehenes Mikroskop in dem allerersten technischen Lexikon besprochen wurde. Dort wird dieses Gerät zusammen mit einem Glastrog und einem Deckel aus Messing vorgestellt, mit dem man einen kleinen Fisch festhalten und so die Blutzirkulation im Schwanz beobachten konnte. Es war dies das »Lexicon Technicum« von Harris, das im Jahre 1704 erschien (Tafel 19).

Das auf Tafel 47 dargestellte, von Marshall signierte Mikroskop hat einen aus Pappe und grün gefärbtem Pergament bestehenden inneren Tubus, der mit goldenen Motiven verziert ist. Feld- und Augenlinse befinden sich in gedrehten Elfenbeinfassungen, und auf das obere Tubusende kann man als Staubschutz eine Kappe schrauben. Der innere Tubus steckt im äußeren Tubus, der aus mit Rochenleder überzogener Pappe angefertigt worden war. Das untere Tubusende ist aus Elfenbein gearbeitet und trägt ein Objektivgewinde aus Messing. Da hinein schraubt man eine Halterung, die an ihrem unteren Ende eine Messingfassung mit der Objektivlinse aufweist. Davon wurden jedem Mikroskop insgesamt sechs Stück beigegeben. Das aus Holz bestehende Mikroskopunterteil enthält auf der rechten Seite ein Schubfach und auf der linken einen Bleiklotz. So ist selbst dann für eine ausreichende Stabilität gesorgt, wenn der Trog mit dem Fisch bei der Untersuchung der Blutzirkulation einmal über den Rand des Objekttisches hinausgeschoben wird. Das zeigt eine Abbildung im »Lexicon Technicum«. Zur Scharfeinstellung läßt sich die Halterung, die den Tubus trägt, an der Säule höher oder tiefer stellen. Diese trägt Markierungen, die für jedes Objektiv die Höhe angeben, auf die der Tubus gebracht werden muß. Zur Feineinstellung dient ein Zahntrieb, der sich durch ein großes Rad betätigen läßt. Am Grunde der Säule ist unmittelbar über dem Kugelgelenk eine Mutter zur Befestigung des Objekttisches angebracht. Man hatte die Wahl zwischen einem Objekttisch für undurchsichtige Objekte mit einer Plan-

49 Mikroskop vom Cuffschen Typ, wie es erstmals im Jahre 1743 nach den Wünschen von Henry Baker gebaut wurde. Es ist signiert mit: »J. Cuff LONDINI ⁸ Inv ⁸ et ⁸ Fecit«. Dieses Modell ist eines der ersten, das einigen Bedienungskomfort bietet und bei dem besonderer Wert auf eine gut funktionierende Scharfeinstellung gelegt wurde. (MHS, Oxford).

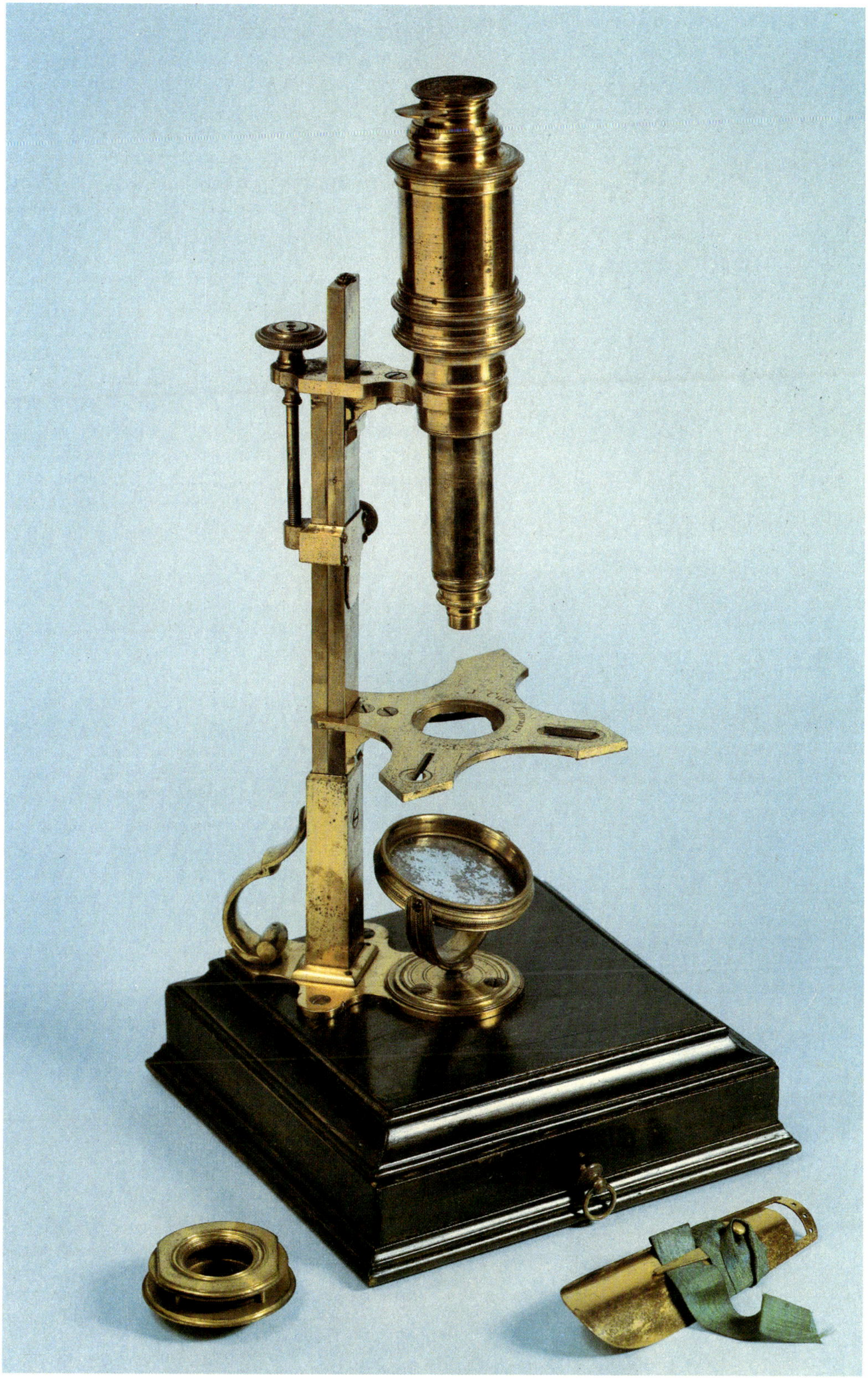

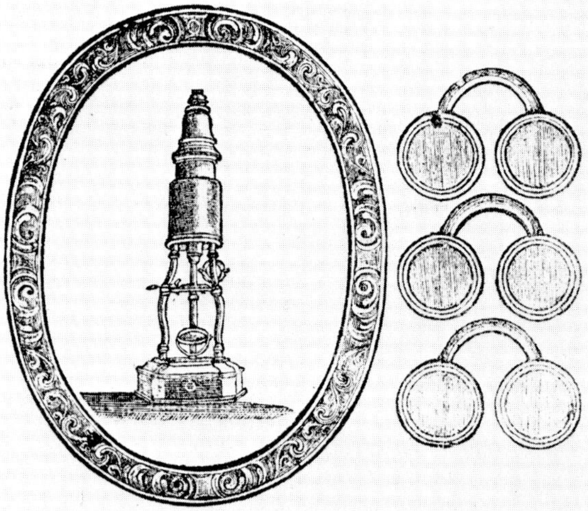

JOHN CUFF,

Optician, Spectacle, *and* Microſcope *Maker*,

At the Sign of the REFLECTING MICROSCOPE and SPECTACLES, againſt *Serjeant's-Inn* Gate in *Fleet-ſtreet*,

MAKES and Sells all Sorts of the moſt curious Optical Inſtruments, ſuch as SPECTACLES and READING GLASSES, ground on Braſs Tools in the Method approved by the Royal Society, of *Brazil* Pebbles, Rock Chryſtal, or the fineſt Flint Glaſs, and ſet either in Silver, Mother of Pearl, Tortoiſe-ſhell, *&c*, in the moſt convenient Manner for Uſe.

REFRACTING TELESCOPES, proper for celeſtial or terreſtrial Obſervations, either by Land or Sea; and alſo REFLECTING TELESCOPES, as invented by Sir *Iſaac Newton* and Mr *Gregory*.

MICROSCOPES of ſeveral Kinds, both Single and Double, (either for the Study or the Pocket) particularly a new-conſtructed DOUBLE MICROSCOPE, invented by the ſaid *John Cuff*, to remedy the Inconveniencies complained of in all the former Sorts; the SOLAR MICROSCOPE, as improv'd by him with a moſt convenient and manageable Apparatus for viewing Objects, and a Contrivance for drawing the Pictures of them with great Eaſe and Exactneſs, even by thoſe that have never drawn before; the AQUATIC MICROSCOPE, invented alſo by him for the Examination of Water Animals; the OPAKE MICROSCOPE, which by a Light reflected upon Objects that have no Tranſparency, renders them diſtinctly viſible; *Culpepper*'s MICROSCOPE, *Wilſon*'s Pocket MICROSCOPE, *&c*.

The CAMERA OBSCURA for exhibiting Proſpects in their natural Proportions and Colours, together with the Motions of living Subjects: MAGIC LANTHORNS; Convex and Concave SPECULUMS or LOOKING GLASSES, MULTIPLYING GLASSES, BAROMETERS, THERMOMETERS, OPERA GLASSES, SPECTACLES of true *Venetian* Green Glaſs, SPEAKING TRUMPETS, ſeveral Mathematical Inſtruments, and many other Curioſities, are ſold by the ſaid Operator at reaſonable Prices, either Wholeſale or Retale.

50 John Cuffs Geschäftskarte aus der Zeit zwischen 1743 und 1757, dem Jahr, in dem er seinen Betrieb in andere Räumlichkeiten verlegte. (SM, London).

konvexlinse zur Beleuchtung oder mit einer Federvorrichtung nach Bonanni.

Der erste Franzose, der sich mikroskopisch betätigte, war Louis Joblot (1645–1723). Er veröffentlichte im Jahre 1718 ein Buch mit dem Titel »Descriptions et usages de plusieurs nouveaux microscopes« (»Beschreibungen verschiedener neuer Mikroskope und ihre Anwendung«). Obwohl eigentlich Professor für Mathematik an der Ecole Nationale des Beaux-Arts, hatte er doch ein ganz besonderes Interesse an der Optik. Das war höchstwahrscheinlich im Jahre 1678 geweckt worden, als Christiaan Huygens der Stadt Paris einen Besuch abstattete und seine aus Holland mitgebrachten Mikroskope der Académie des Sciences (Akademie der Wissenschaften) vorführte. Joblots Buch umfaßte zwei Teile, von denen im ersten verschiedene Mikroskope beschrieben werden, während der Autor im zweiten Teil seine eigenen mikroskopischen Untersuchungen bespricht. Auf einem der im Buch enthaltenen Kupferstiche ist ein Mikroskop mit exzentrischer Säule zu sehen, das dem von Yarwell hergestellten Gerät stark ähnelt. Daneben findet sich ein schematischer Längsschnitt durch ein zusammengesetztes Mikroskop, wohl die erste Darstellung dieser Art überhaupt.

Nach dem Tode von John Marshall baute man weiterhin Mikroskope mit exzentrischer Säule. Weil es damals aber noch nicht so allgemein üblich war, jedes Instrument mit dem Herstellernamen zu versehen, können sie nicht immer ihrem Ursprung zugeordnet werden. Jedoch lassen bestimmte Merkmale im Aufbau sowie die Art der benutzten Rohstoffe darauf schließen, daß diese Mikroskope aus den dreißiger Jahren des 18. Jahrhunderts stammen. Inzwischen hatte die Mikroskopie einen neuen Anstoß nötig, ähnlich dem, wie ihn seinerzeit Hooke mit seiner »Micrographia« gab. Dazu kam es im Jahre 1742, als Henry Bakers Buch mit dem Titel »The Microscope Made Easy« (»Das Mikroskop – leicht gemacht«) erschien. Es wandte sich an Amateure, deren Zahl laufend zunahm. Das war die Folge öffentlicher Demonstrationen aus dem Gebiete der Naturphilosophie, die in London von Instrumentenhändlern und in der Provinz von reisenden Vortragsrednern veranstaltet wurden. Bakers Buch war auf Anhieb ein Erfolg. Die erste Auflage mit 1000 Exemplaren, die im November 1742 erschien, war bereits im Mai des folgenden Jahres vergriffen und die zweite Auflage kam schon im Juni 1743 heraus. Neben drei holländischen Ausgaben und einer 1754 erschienenen französischen folgten in England in den Jahren 1744, 1754 und 1769 weitere Auflagen. Ein Abschnitt dieses Buches ist einigen Mikroskoptypen gewidmet, die damals auf dem Markt waren. Dabei hatte sich der Autor ausschließlich auf Geräte beschränkt, die aus der Werkstatt von John Cuff

(1708–1772) stammten, der von dieser Reklame natürlich kräftig profitierte. Im Jahre 1743 hatte Baker bedeutende mikroskopische Forschungsarbeiten über Kristalle durchgeführt, für die ihm die Royal Society eine Goldmedaille verlieh. Dabei stellte er fest, daß die augenblicklich verfügbaren Mikroskope sich für derartige Untersuchungen als sehr unzweckmäßig erwiesen. Das galt für das Wilsonsche »screw-barrel«-Mikroskop (Kapitel 4) ebenso wie für den Culpeperschen Dreifuß (Kapitel 5). Baker beklagte sich, daß die Füße des letzteren den Objektträgern im Wege standen und daß die Scharfeinstellung mit ihrem ruckartigen Gang den Benutzer zur Verzweiflung bringen konnte. Deshalb ließ er von Cuff einen vollständig neuen Mikroskoptyp herstellen, der allerdings ebenso wie die von Marshall und Yarwell gelieferten Geräte auf einer exzentrischen Säule montiert war (Tafel 49). Cuff berechnete für dieses Mikroskop sieben Guineen und erhielt auf Grund Bakerscher Fürsprache viele Bestellungen. Somit hatte Baker das allgemeine Interesse am Mikroskop erneut entzündet. Außerdem geht auf ihn der Bau des ersten wirklich zufriedenstellenden Mikroskops zurück, ein Gerät, das sogar heute noch für Untersuchungen bei schwachen Vergrößerungen überraschend gut zu gebrauchen ist.

John Cuff war zwar einer der besten Handwerker seiner Zeit, jedoch keineswegs ein guter Geschäftsmann. Sein Anwesen »Zum Reflektierenden Mikroskop und der Brille« bestand mindestens seit dem Jahre 1742 gegenüber dem Serjant's-Inn Gate in der Fleet Street. Unmittelbar daneben eröffnete Benjamin Martin zwischen 1755 und 1756 sein Geschäft. Cuff fühlte sich von diesem rührigen Mann, der es meisterhaft verstand, die Naturwissenschaften populär zu machen, derartig in die Ecke gedrängt, daß er sein Geschäft verlegte. Trotz der Unterstützung von Baker mußte Cuff im Jahre 1750 Konkurs anmelden, und zehn Jahre später hieß es von ihm, er habe weder Geschäft noch Geld. Nichtsdestoweniger wurde sein Mikroskop sowohl in England als auch auf dem europäischen Kontinent weiter gebaut.

Das zusammengesetzte Mikroskop, das Cuff für Henry Baker entwarf, bestand vollständig aus Messing, wenn man einmal von dem Fuß aus Eichenholz mit Mahagonifurnier absieht, der die Zubehörteile enthielt. Die eigentliche Neugkeit bildete die aus mehreren Stücken zusammengesetzte exzentrische Säule, die für Stabilität sorgte, einen ungehinderten Zugang zum Objekttisch gestattete und es außerdem ermöglichte, das Gerät mit einer empfindlichen Feineinstellung zu versehen. Zu den Zubehörteilen gehörten sechs Objektive mit Brennweiten zwischen einem und 1/11 Zoll (25 mm und 2,3 mm), ein Lieberkühnspiegel, eine weitere Halterung zur Beleuchtung undurchsichtiger Objekte, eine Fischplatte, ein Bonannischer Federtisch zum Festhalten der Schieber, ein unter dem Objekttisch anzubringender Messingschieber zur Verkleinerung des Gesichtsfeldes bei der Benutzung der stärksten Objektive sowie eine Linse, die man zur Auflichtbeleuchtung auf den Objekttisch montieren konnte. Die von Cuff hergestellten Mikroskope sind an folgenden Signaturen zu erkennen: entweder »J. Cuff Londini Inv. et Fecit« oder »J. Cuff Maker London«. Sie wurden in pyramidenförmigen Holzkästchen aufbewahrt.

Das Cuffsche Mikroskop wurde von der gesamten Londoner Instrumentenbauerschaft nachgebaut. Eine aus dem Jahre 1761 stammende Druckschrift, die von der Firma John Dollond & Son herausgegeben worden war (John Dollond starb im November 1761, jedoch bestand die Firma unter Leitung seines Sohnes Peter weiter), zeigt ein derartiges, von Dollond vertriebenes Exemplar, das seinem Aussehen nach genauso gut von Cuff hätte stammen können. Ja, es ist sogar nicht einmal ausgeschlossen, daß es wirklich aus Cuffs Händen hervorgegangen ist, weil dieser nach seinem Konkurs weiterhin für den Handel arbeitete.

Bereits früher, nämlich im Jahre 1749, gab die Firma Mann & Ayscough bekannt, daß von ihr sowohl das Culpepersche »screw-barrel«-Mikroskop als auch ein abgewandeltes Cuffsches Stativ lieferbar seien. Letzteres wies eine vereinfachte Säule auf, die mit Hilfe eines Schwalbenschwanzschiebers auf einem flachen Kästchen befestigt war, so daß sie sich leicht demontieren und in dem Kästchen verstauen ließ (Tafel 52). Es ist dies ein frühes Beispiel für die demontierbaren Mikroskope, die ihre Hochblüte in den Jahren von 1790 bis 1830 erlebten. Sie waren allerdings lediglich für Amateure vorgesehen, denn kein seriöser Mikroskopist wäre je auf den Gedanken gekommen, sein Instrument abzubauen. Möglicherweise bestand bei diesem Gerät eine gewisse Analogie zu bestimmten Spielzeugen, die sich ebenfalls in flache Kästchen verpacken ließen.

In Paris gehörte Claude Passemant (1702 bis 1769) in der ersten Hälfte des 18. Jahrhunderts zu den verhältnismäßig wenigen Mechanikern, die dort optische Instrumente herstellten. Er zeichnete sich durch hervorragende handwerkliche Arbeit aus, war jedoch keine Schöpfernatur und übernahm das Cuffsche zusammengesetzte Mikroskop mit der exzentrischen Säule in allen Einzelheiten (Tafel 53). Es gibt noch einige weitere Mikroskopmodelle, die in ähnlicher Ausführung in der Mitte des 18. Jahrhunderts auf dem europäischen Festland hergestellt wurden. Einige davon weisen kunstvoll verzierte Grundplatten auf, wie das auf Tafel 54 abgebildete Gerät, das vermutlich aus Italien stammt. Die glei-

52 Eine andere Form des Cuffschen Typs, bei dem die Säule mit Hilfe eines Schiebers und einer Schwalbenschwanzführung auf der Oberseite des Kästchens befestigt ist. Dieses Modell ist signiert mit »Mann & Ayscough LONDON« und stammt aus der Zeit um 1747 (MHS, Oxford).

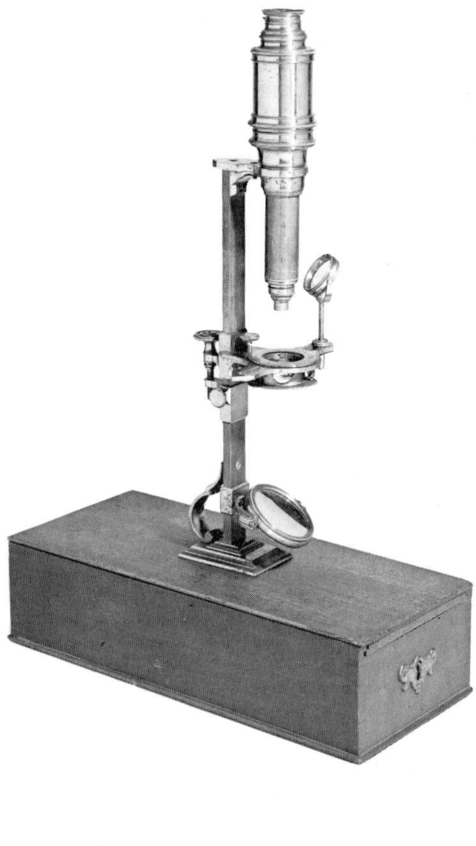

51 Geschäftskarte von James Ayscough, um 1750 (SM, London).

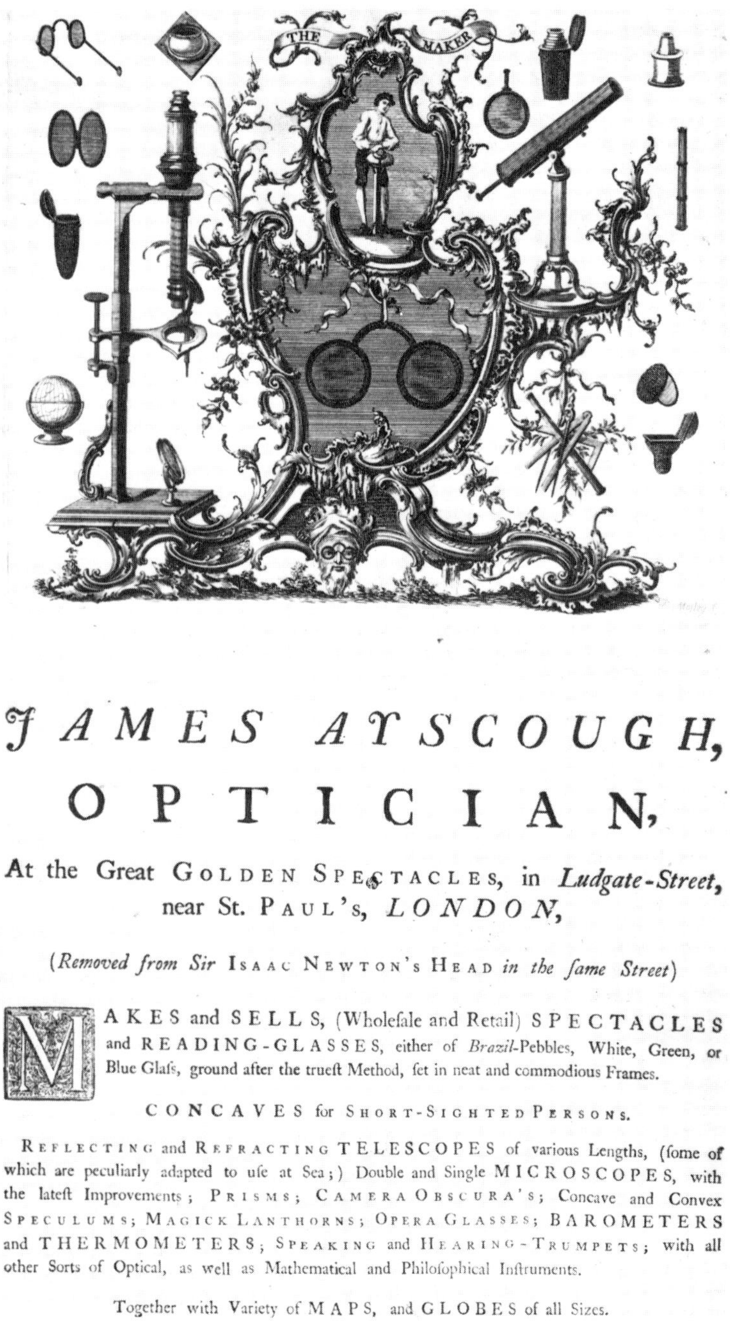

che Konstruktion war in Holland gebräuchlich. Das auf Tafel 54 rechts dargestellte Beispiel stammt von Jacob Huisen (gest. 1792), einem seit 1739 in Utrecht tätigen, hervorragenden Instrumentenbauer.

Ein weiteres außerordentlich beliebtes zusammengesetztes Mikroskop mit exzentrischer Säule war das sogenannte »Kastenmikroskop« (»chest-microscope«), dessen Konstruktion auf Edward Nairne (1726–1806) zurückging (Tafel 55). Im späten 18. Jahrhundert gehörte Nairne zu den Spitzenkräften unter den Londoner Instrumentenbauern. Sein Geschäft befand sich in Cornhill 20, gegenüber der Königlichen Börse. Wegen seiner parallaktisch (»äquatorial«) montierten Fernrohre und seiner elektromedizinischen Maschinen erlangte er internationale Anerkennung und wurde zum Mitglied der Royal Society ernannt. Nairnes Erfindung war ein erneuter Versuch, das Mikroskop leichter transportabel zu machen. Er befestigte dazu die Säule so mit einem Scharnier am Boden eines kleinen Mahagonikästchens, daß sie nach Öffnen des Deckels sofort in Funktionsstellung gebracht werden konnte. Die Zubehörteile haben in Aussparungen an den Seiten des Kästchens Platz, wo manchmal auch ein Schubfach steckte.

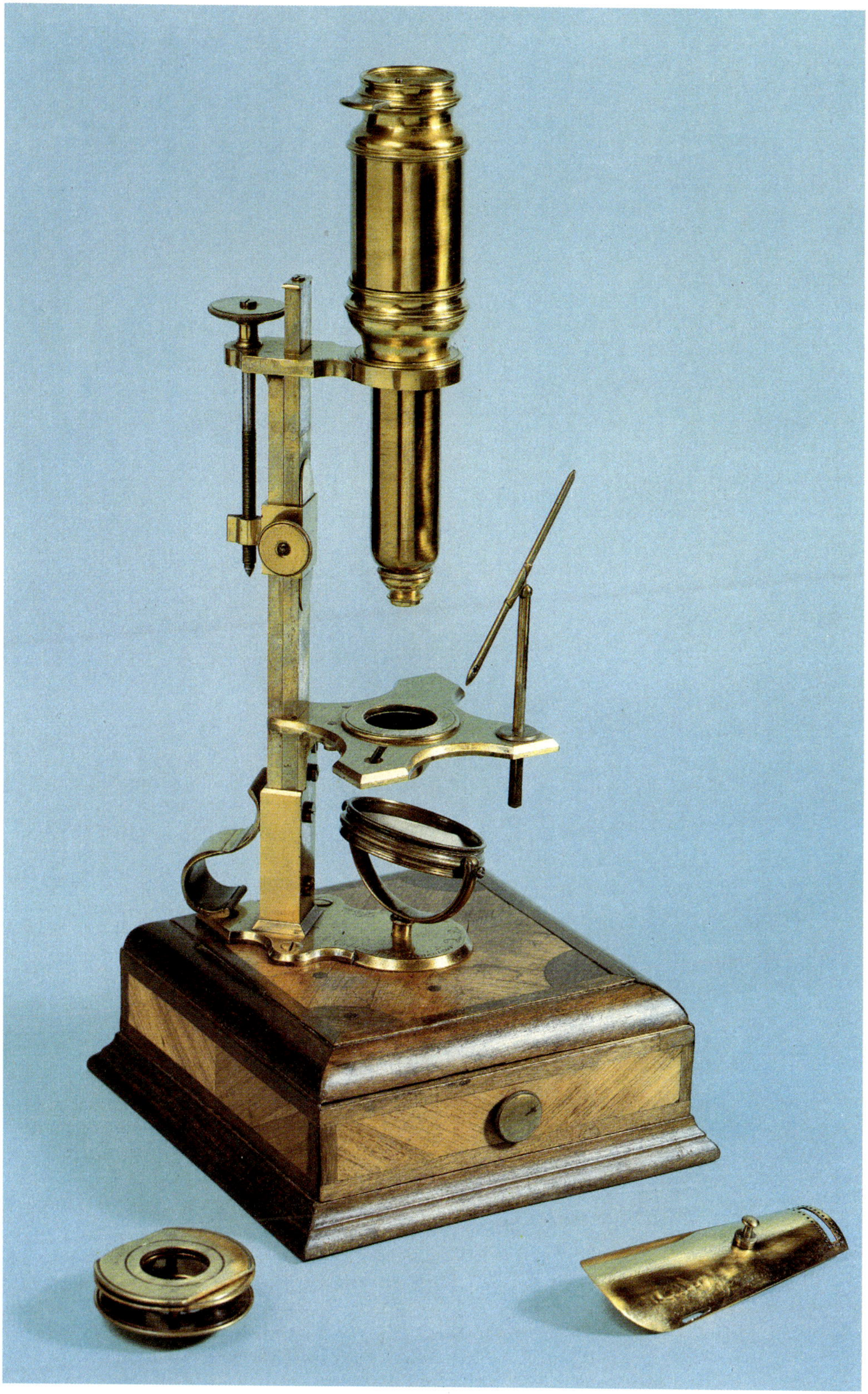

53 Eine französische Kopie des Cuffschen Mikroskops mit dem Signum: »Passemant Ingénieur du Roi au Louvre A Paris«. Claude Siméon Passemant (1702 bis 1769) gehörte zu den wenigen, die in Paris Mikroskope herstellten. Das hier abgebildete Exemplar stammt wahrscheinlich aus den fünfziger Jahren des 18. Jahrhunderts. (MHS, Oxford).

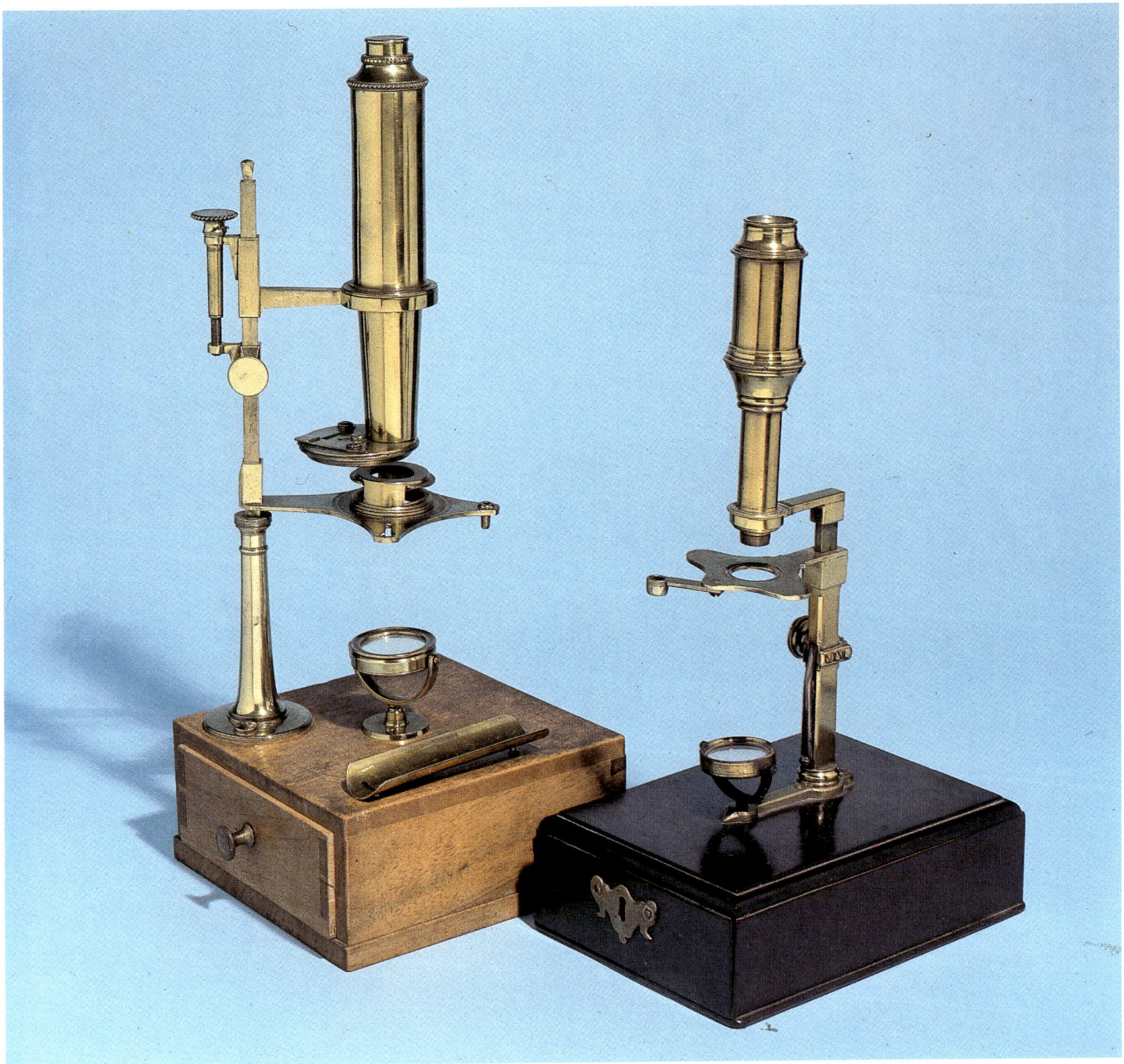

54 Zwei Kopien des Cuffschen Mikroskops vom europäischen Festland aus der Mitte des 18. Jahrhunderts. rechts ein Mikroskop von Jacob Huisen, der von 1739 bis 1792 in Utrecht als Instrumentenbauer tätig war. Ein ähnliches Instrument wurde im Jahre 1758 an die Universität Utrecht geliefert. Das linke Mikroskop ist unbekannten Ursprungs und stammt möglicherweise aus dem späten 18. Jahrhundert. (MHS, Oxford).

55 ▶ Eine weitere Abwandlung der Cuffschen Konzeption ist das Kastenmikroskop, dessen Urheberschaft von Edward Nairne beansprucht wird. Das hier abgebildete Exemplar trägt das Signum »NAIRNE LONDON Inv. et Fecit«. Es wurde bereits vor 1744 hergestellt. In diesem Jahr schloß Nairne zusammen mit Thomas Blunt einen Partnerschaftsvertrag. (MHS, Oxford).

Im Jahre 1746 veröffentlichte George Adams d.Ä. (um 1704–1772) seine »Micrographia Illustrata«, was Henry Baker in Harnisch brachte, denn das Buch war, wie letzterer seinen Freunden erklärte, zu drei Vierteln aus seinem eigenen Werk abgeschrieben und enthielt darüber hinaus Zusätze aus Büchern von Hooke und Joblot. Es steht ohne Zweifel fest, daß viele der in Adams Buch vorhandenen Kupferstiche genaue Kopien der Bakerschen Abbildungen darstellen und daß auch der Text viele Ähnlichkeiten aufweist. Adams bildete neben dem Wilsonschen »screw-barrel«-Mikroskop auch das Culpepersche sowie das Cuffsche Mikroskop ab. Weitere von ihm dargestellte Geräte bezeichnete er als »New Universal Single Microscope« (»Neues Einzelnes Universalmikroskop«) und »New Universal Double Microscope« (»Neues Doppeltes Universalmikroskop«). Es handelte sich dabei um ein einfaches bzw. ein zusammengesetztes Mikroskop mit fast identischen Stativen. Obwohl sie mit einer Säule und nicht mit einem Dreifuß ausgerüstet waren, scheinen bei der Konstruktion doch Mikroskope von Culpeper als Vorbild gedient zu haben, denn dessen »screw-barrel«-Mikroskope besaßen eine ähnliche Säule, die auf einem flachen, zusammenlegbaren Dreifuß stand. Der Fuß der Adamsschen Instrumen-

56 Das »Neue Universelle Doppel-Mikroskop« mit einer Anzahl von Objektivlinsen und der Signatur »Invented and Made by G. Adams at Tycho Brahe's Head in Fleet Street LONDON«. Adams beschrieb es in seiner 1746 erschienenen »Micrographia Illustrata«. Der Feintrieb für die Scharfeinstellung wird durch Drehen an dem Rändelrad in Gang gesetzt, das sich am Grunde der Säule befindet. (MHS, Oxford).

te ähnelt dem der Culpeperschen und machte es ebenfalls möglich, das Mikroskop in einem flachen Kästchen unterzubringen. Neu an den Adamsschen Geräten war ein Rad, das die Objektivlinsen trug. So ließen sich insgesamt acht verschiedene Objektive schnell in den Strahlengang bringen (Tafel 56). Diese Vorrichtung stellt also eines der ersten Beispiele für einen Objektivrevolver dar. Zur Scharfeinstellung verläuft eine Schraube durch die Säule, die den Tisch bewegt.

In der 1771 erschienenen Auflage der »Micrographia Illustrata« beschrieb George Adams d.Ä. das von ihm so genannte »New Variable Microscope« (»Neues Variables Mikroskop«). Bei diesem Gerät war die ganze Säule auf einem Zahnrad montiert, das sich am oberen Ende einer stabilen Halterung aus Messing drehen ließ. Letztere stand auf einem flachen, zusammenlegbaren Fuß. Von diesem Modell an muß man bei der Benennung der einzelnen Teile des Stativs mehr Sorgfalt als vordem walten lassen. Da der früher als »Säule« bezeichnete Abschnitt jetzt nicht mehr fest steht, sollte man ihn besser als »Tubusträger« ansprechen, während von jetzt an das zwischen Mikroskopfuß und Tubusträger befindliche Stück die »Säule« bildet. Die Bezeichnung »variable« bezog sich auf die Möglichkeit, den Tubusträger in die waagrechte oder horizontale Lage oder in jede beliebige Zwischenstellung bringen zu können. Somit war es natürlich leichter, das Mikroskop auch im Sitzen zu benutzen. Andere Eigentümlichkeiten betrafen das optische System. Die Objektive waren jetzt in Messingfassungen montiert, die mit solchen Gewinden versehen waren, daß man zwei davon zusammenschrauben und gemeinsam benutzen konnte. Adams bezeichnete diese Fassungen als »buttons« (»Knöpfe«). Neben dem Objektiv umfaßte das optische System vier weitere Linsen. Das waren die beiden im Okular befindlichen Linsen, dann die Feldlinse sowie eine vierte Linse, die sich in der Mitte zwischen Objektivlinse und Feldlinse befand. Wohl war ein derartiges optisches System für die von Adams hergestellten Geräte neu. In Wirklichkeit handelte es sich dabei aber um eine genaue Kopie einer Entwicklung, die auf Benjamin Martin zurückging. Darüber hinaus enthielt der Tubuskörper zwei Auszugtuben, so daß die Vergrößerung auch durch Verstellung des Auszuges etwas verändert werden konnte. Dieser Stativtyp war plump und nicht marktgerecht, so daß heute davon nur noch wenige Exemplare vorhanden sind. Jedoch war er ein Meilenstein auf dem Weg zu den verbesserten Mikroskopen, die später von George Adams d.J. und anderen hergestellt wurden.

Das »Neue Variable Mikroskop« wurde zusammen mit einem kleineren Hilfsmikroskop geliefert, denn Adams kündigte gleichzeitig ein »New Compendious Pocket Microscope« (»Neues Taschenmikroskop in Kompaktbauweise«) an (Tafel 63). Er schrieb: »Dieses Mikroskop ist eine verkleinerte Version des variablen Mikroskops und kann in die Tasche gesteckt werden. So steht es Herren und Damen stets zur Verfügung, wenn sie sich in Gärten, Parks u. dgl. amüsieren und Objekte sammeln und diese daraufhin untersuchen wollen, ob sie sich für eine Konservierung und eine spätere Untersuchung mit dem variablen Mikroskop eignen, oder ob es sich lohnt, sie mit Hilfe des „Camera-Mikroskops" zu zeichnen, und zwar entweder bei Sonnenschein oder an langen Winterabenden.«

Das optische System dieses kleinen Mikroskops bestand aus fünf Linsen, die in gleicher Weise wie bei dem größeren Instrument angeordnet waren. Nur befanden sich die sechs Objektive zusammen auf einer Messingleiste, die man in einem Schwalbenschwanzflansch verschieben konnte. Außerdem war es möglich, den zusammengesetzten Tubuskörper abzunehmen und ihn durch eine Augenmuschel zu ersetzen, wenn das Gerät als einfaches Mikroskop benutzt werden sollte. Zur Scharfeinstellung diente ein an der Säule angebrachter Zahntrieb, der auf den unteren Teil des Tubus wirkte. Die Säule selbst ließ sich mit einem Gelenk neigen, das unmittelbar über dem flachen, zusammenlegbaren Dreifuß lag. Es treten hier einige Merkmale zutage, die im Jahre 1820 bei dem von Gould entwickelten Taschenmikroskop für Naturforscher wieder auftauchten, das von Cary und anderen hergestellt wurde.

In der Zeit zwischen 1760 und 1780 herrschte zwischen Martin einerseits und Vater und Sohn Adams andererseits ein harter Konkurrenzkampf (Adams d.Ä. starb im Jahre 1772 und sein Sohn führte das bestens eingeführte Geschäft weiter). Peter Dollond machte sich ebenfalls als Mikroskophersteller einen Namen, schuf jedoch nur wenig Neues. Nairne lieferte Instrumente vom Cuffschen und Culpeperschen Typ zusammen mit dem Kastenmikroskop, das er selbst entwickelt hatte. Jedoch kamen seine weiteren Erfindungen mehr der reinen Wissenschaft zugute. Daneben gab es viele andere durchschnittliche Lieferanten. Unter solchen Verhältnissen tauchten viele »Neuerungen« auf, die sich aber nicht halten konnten, weil sie sich letztlich als Reklameschwindel erwiesen. Es ist heute kaum noch möglich, festzustellen, ob es sich bei irgendeinem Detail nun wirklich um eine Neuerfindung handelte. Das Instrumentenbauergewerbe Londons war weit verzweigt und vielfältig und es gab viele Handwerker, die lediglich für den Handel arbeiteten. Adams, Dollond und Nairne leiteten große Unternehmen, fertigten selbst, vertrieben aber auch fremde Ware. Martin war ein besonders rühriger Unternehmer und verkaufte die verschiedenartigsten Dinge. Daneben veröffentlichte er aber auch wissenschaftliche Abhandlungen und konstruierte neue Instrumente, die er von anderen Werkstätten in Kommission herstellen ließ.

Das Martinsche Trommelmikroskop ist bereits in Kapitel 5 beschrieben worden. Von 1756 an, dem Jahr, in dem er in London ankam, verkaufte er neben seinen eigenen Erfindungen auch die damals üblichen Culpeperschen und Cuffschen Modelle. Im Jahre 1759 brachte er seine »New Elements of Optics« (»Neue Elemente der Optik«) heraus, in denen er abgesehen von den gerade neu erfundenen achromatischen Fernrohrobjektiven auch seine eigenen Entwicklungen besprach, die das Mikroskop betrafen. Um das Ausmaß der sphärischen Aberration zu verringern, empfahl er, die Lichtbrechung auf mehrere, schwächer gekrümmte Oberflächen zu verteilen und sie nicht allein auf eine einzige, stark gekrümmte Linse zu konzentrieren. Während in der Mitte des 18. Jahrhunderts das dreilinsige Mikroskop noch allgemein gebräuchlich war, verbesserte es Martin, indem er hinter dem Objektiv noch eine weitere Linse anbrachte. Diese zwischen Objektivlinse und Feldlinse befindliche Linse wurde als »Zwischenlinse« bezeichnet (»between lens«). Es ist nicht bekannt, zu welchem Zeitpunkt Martin

57 Kupferstich eines neuen Mikroskopmodells, das in der 1771 erschienenen vierten Auflage der »Micrographia Illustrata« von George Adams d.Ä. zum ersten Mal vorgestellt wurde.

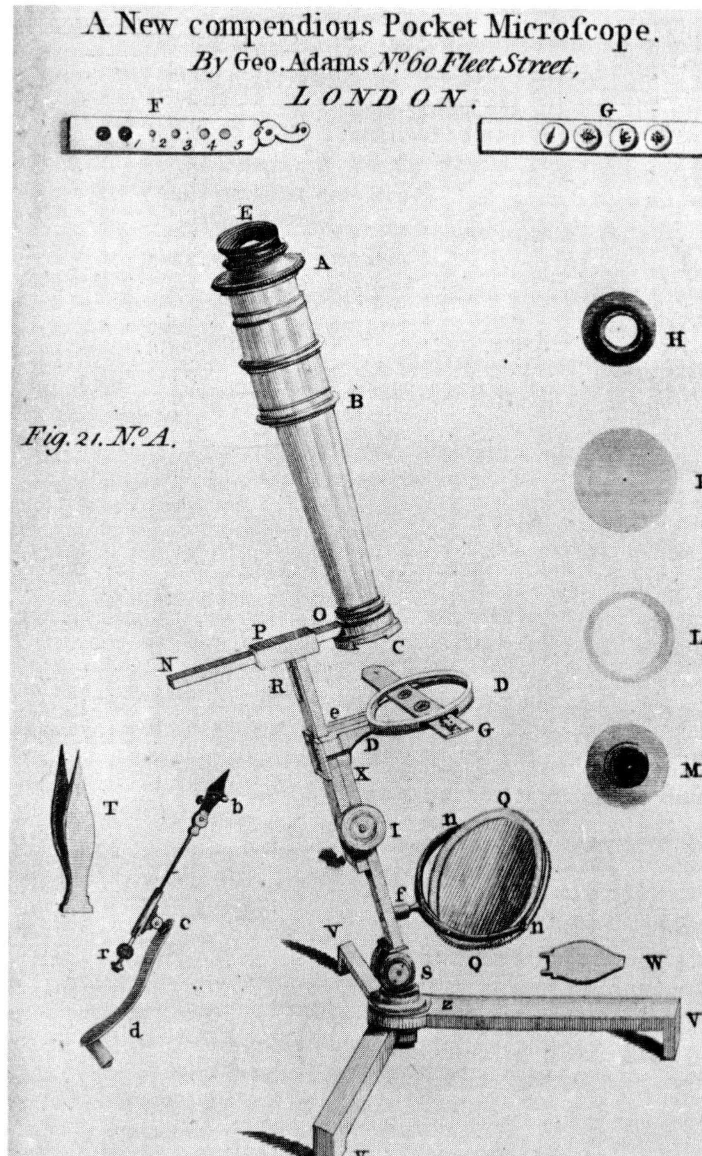

diese Neuerung in die Praxis umsetzte. Im Jahre 1759 gab er eine neue Mikroskopkonstruktion bekannt, jedoch wies diese die üblichen drei Linsen auf. Fuß und Säule waren dem Adamsschen »Neuen Universalmikroskop« aus dem Jahre 1746 und die Scharfeinstellung dem Cuffschen Mikroskop entlehnt. Tafel 58 zeigt eine Modifikation dieses Instruments aus späterer Zeit. Es ist mit »B. Martin Inv. et Fecit, No 1« signiert. Das optische System besteht nunmehr aus fünf Linsen, wobei das Okular bereits nach dem Huygensschen Typ gebaut ist (mit zwei plankonvexen Linsen). Im Tubus war die Feldlinse und am oberen Ende des ungewöhnlich langen Tubusunterteils (das als »Martin's pipe« = »Martinsche Pfeife« bekannt ist) die Zwischenlinse angeordnet, worauf zum Schluß das Objektiv folgte. Zweifellos hatte hier die Optik des variablen Mikroskops von Adams als Vorbild gedient. Mit diesem fünflinsigen System wurde eine kleine Verbesserung der Bildqualität erzielt. Das zweilinsige, in einem eigenen Tubus montierte Objektiv war der Vorläufer der modernen Objektive. Außerdem weist das von Martin am Ende der »Pfeife« angebrachte Gewinde schon fast die gleichen Ausmaße wie dasjenige Gewinde auf, das von der Royal Microscopical Society in der Mitte des 19. Jahrhunderts als Standard eingeführt wurde und das heute auf der ganzen Welt gebräuchlich ist.

Die sechs zu diesem Mikroskop gehörenden Objektive weisen die folgenden Brennweiten und Maßstabszahlen auf:

Objektiv	Brennweite	Maßstabszahl
1	2,82 mm	51,1 : 1
2	6,2 mm	22,6 : 1
3	8,5 mm	19,4 : 1
4	9,0 mm	16,0 : 1
5	18,0 mm	8,6 : 1
6	24,8 mm	6,9 : 1

Die auf die Signatur folgende »No. 1« stellt eine Seriennummer dar, und in Museen finden sich weitere Instrumente mit anderen Nummern. Die höchste bis heute bekannte Nummer ist No. 26. Es gibt auch Mikroskope dieses Typs, die keine Signierung tragen und von denen es sich nicht mehr feststellen läßt, ob sie von Martin selbst oder einem seiner Konkurrenten stammen. Alle zeichnen sich durch die typisch geformte, über dem zusammenlegbaren Fuß angeordnete Säule aus, die eine weitere Säule mit quadratischem Querschnitt trägt. Diese ist mit einer längs verlaufenden Vertiefung versehen, wo sich die Zahnstange für die Grobverstellung des Objekttisches befindet. Die an der Seite angebrachte Schraube zur Feineinstellung erinnert sehr an die Cuffsche Anordnung.

Im Jahre 1776 oder 1777 brachte Martin ein wesent-

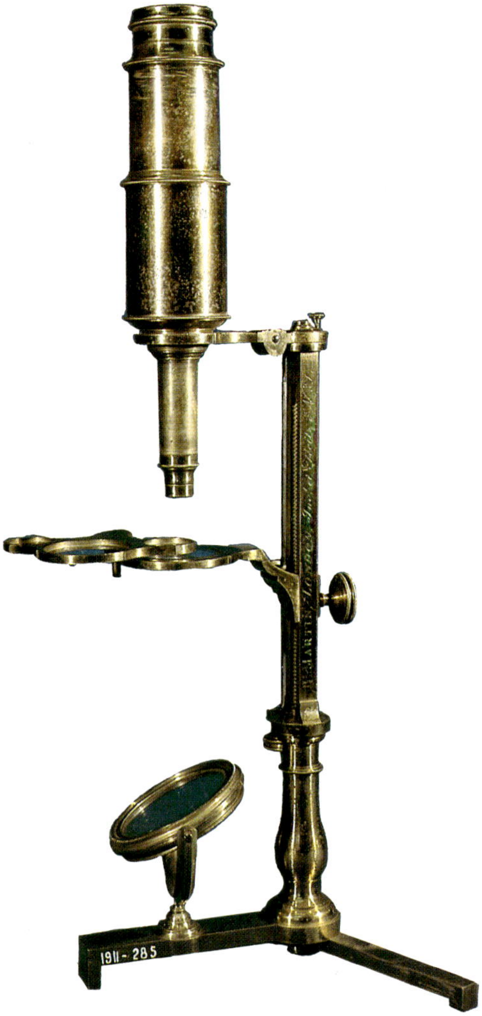

58 Das hier gezeigte Instrument wurde als ein »Universal-Mikroskop« beschrieben und trägt an der Säule das Signum: »B. Martin, LONDON. Inv et Fecit. N° 1«. Die Nummer ist die Seriennummer des Mikroskops. Es stammt aus der Zeit um 1760. Der Objekttisch wird durch einen Zahntrieb bewegt, wobei die Zahnstange in eine Vertiefung eingelassen ist, die in der senkrecht stehenden Säule verläuft. Den Feintrieb besorgt eine lange, vertikal verlaufende Schraube. (MHS, Oxford).

lich verbessertes Mikroskop auf den Markt und bezeichnete es als »A New Universal Microscope« (»Ein neues Universalmikroskop«). Bei diesem war die zylindrische Säule mit dem zusammenlegbaren Fuß durch ein Gelenk verbunden. Die Säule enthielt den Zahntrieb, der ein Rohr bewegte.

Dieses trug seinerseits die Halterung für den Mikroskoptubus. Das optische System umfaßt vier Linsen, nämlich das Objektiv, die zwischen dem geraden und dem konischen Teil des Tubus angeordnete Feldlinse sowie zwei im Okular befindliche Linsen. Die Objektive sind auf einer drehbaren Scheibe montiert. Im Jahre 1777 war Martins Sohn Joshua in die Firma eingetreten, und die Ankündigungen für dieses neue Mikroskop sind mit den Worten »Erfunden und Hergestellt von B. Martin & Sohn, London« versehen (»Invented and Made by. B. Martin & Son, London«). Es existieren einige Mikroskope, die in ihrem äußeren Erscheinungsbild mit dieser Ankündigung übereinstimmen. Jedoch ist nur ein einziges davon von Martin und seinem Sohn signiert.

George Adams d.Ä. starb im Jahre 1772 und Martin folgte ihm Anfang 1782 in den Tod, nachdem er zuvor noch Konkurs hatte anmelden müssen. Dagegen führte George Adams d.J. das Geschäft weiter und veröffentlichte mehrere dickleibige Bücher über verschiedene Bereiche der Naturwissenschaften. Seine »Essays on the Microscope« (»Aufsätze über das Mikroskop«) erschienen im Jahre 1787. Dieses Werk übte einen großen Einfluß auf die weitere Mikroskopentwicklung aus und stachelte darüber hinaus das Interesse an der Mikroskopie weiter an, so daß es viele Auflagen erlebte (der Londoner Verleger Baillière verkaufte es noch im Jahre 1852 zum Preis von 18 Schillingen). In dem Buch waren die damals gebräuchlichen Mikroskope beschrieben und abgebildet, und zwar das »screw-barrel«-Mikroskop, die Culpeperschen und Cuffschen Modelle sowie das Ellissche Wassermikroskop. Die beiden neu vorgestellten Mikroskope sind »The Improved Double and Single Microscope« sowie »The Improved Compound Microscope« (das »Verbesserte doppelte und einzelne Mikroskop« sowie das »Verbesserte zusammengesetzte Mikroskop«). Über das erstgenannte Modell schreibt Adams: »Das zusammengesetzte Mikroskop wird derzeit am allermeisten benutzt.« Der Tubus war genauso wie bei den Martinschen Geräten gestaltet und enthielt einen inneren Auszugtubus mit drei Linsen, während sich die Objektive auf Schiebern befanden, die sich in einer Schwalbenschwanzführung verstellen ließen. Unter dem mit Federhaltung versehenen Tisch befand sich eine Kondensorlinse. Andere Teile dieses Mikroskops erinnern an die Cuffschen Modelle, wie das als Fuß dienende Mahagonikästchen, die feststehende Säule mit dem schneckenförmigen Ausleger an der Vor-

59 Ein Kupferstich aus den 1787 erschienenen »Essays on the Microscope« von George Adams d.J. mit seinem »Verbesserten doppelten und einfachen Mikroskop« (links) und dem »Verbesserten zusammengesetzten Mikroskop« (rechts). Dieser Kupferstich gehörte zu den wenigen, die durch neue ersetzt wurden, als W. und S. Jones nach dem Tode von Adams (1795) die »Essays« neu herausgaben. Die Tafel von Jones ist auf Seite ?? abgebildet.

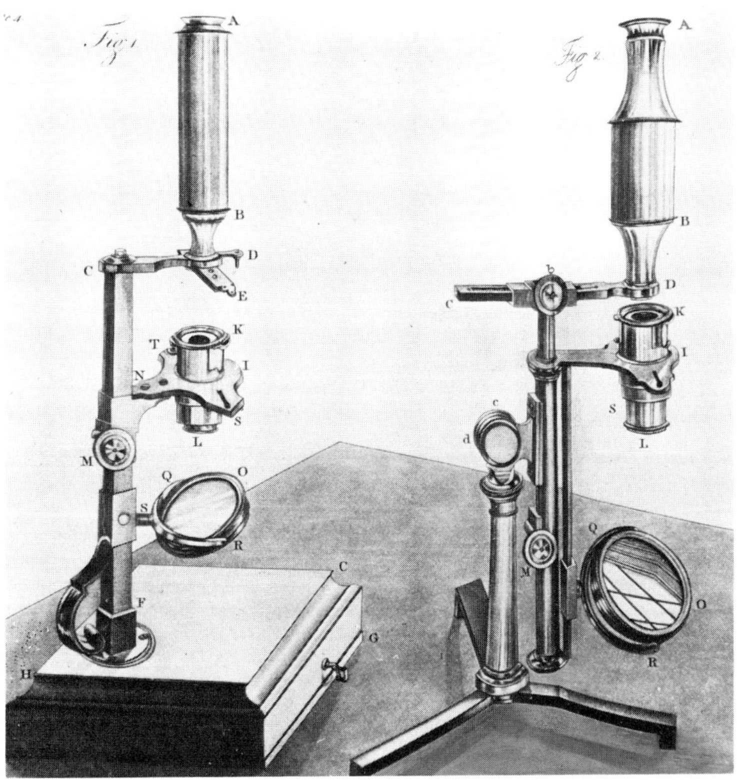

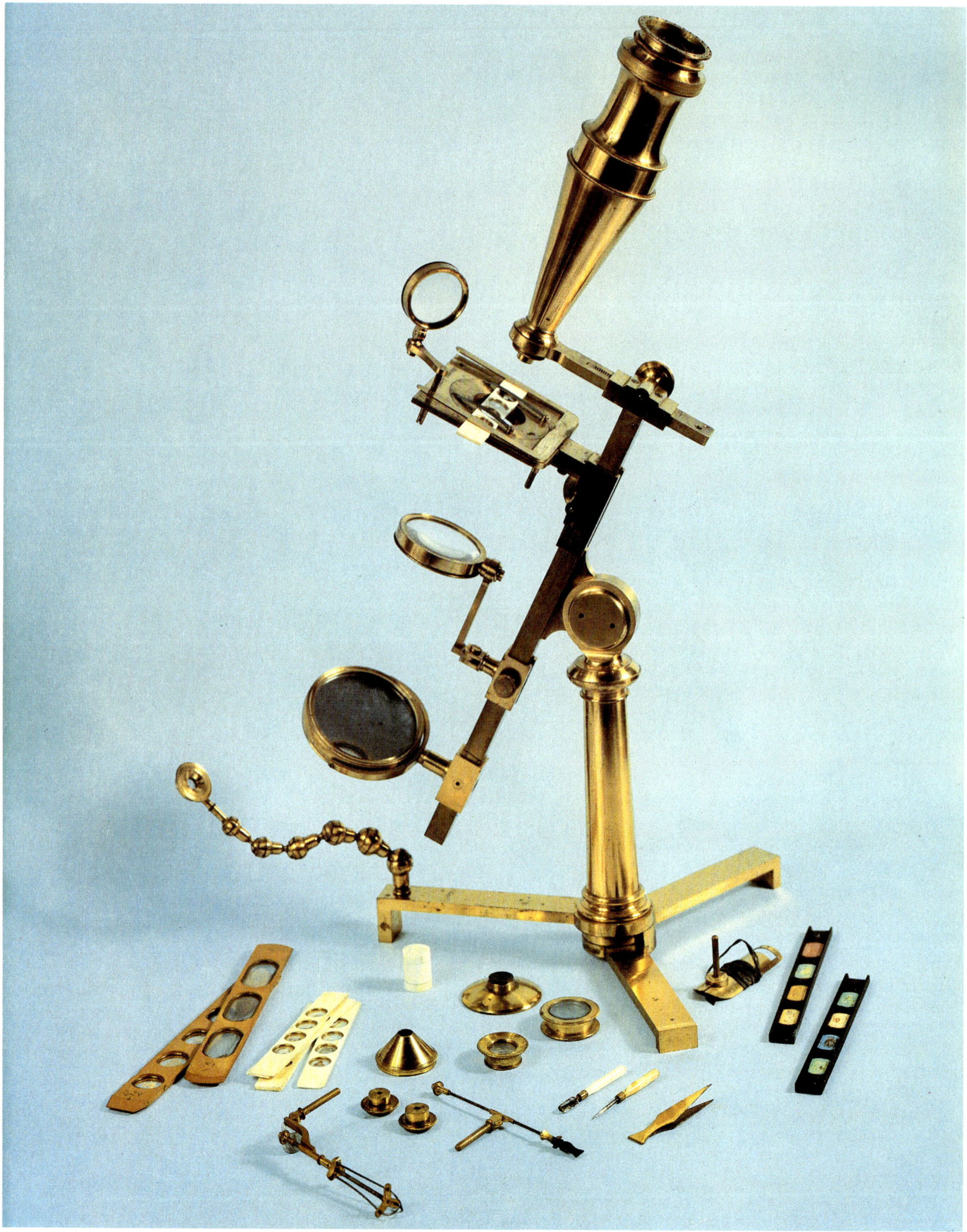

derseite sowie der Objekttisch mit den abgerundeten Seiten. Jedoch erfolgte die Scharfeinstellung durch einen Zahntrieb, der hinten in der Säule eingelassen war und den Objekttisch bewegte.

Im Gegensatz zu diesem ersten Modell war das zweite mit der Säule durch ein Gelenk verbunden, so daß man es auch in geneigter Stellung benutzen konnte. Ein derartiges, aus dem Jahre 1790 stammendes Mikroskop ist auf Tafel 60 abgebildet und mit »ADAMS, LONDON« signiert. Die Scharfeinstellung erfolgt über einen auf den Objekttisch wirkenden Zahntrieb. Unter dem Objekttisch befinden sich ein Hohlspiegel und eine Kondensorlinse, die sich beide am Tubusträger verstellen lassen. Dieser trägt an seinem oberen Ende einen Arm, an dem entweder der Tubus oder eine einzelne Linse befestigt ist. Man kann den Arm drehen und außerdem mit einem Zahntrieb vertikal verstellen. Er macht somit eine »aquatische« Bewegung mit und gestattet auf diese Weise, jeden Punkt eines Präparates in den Strahlengang zu bringen. Das ist von Bedeutung, wenn man lebende Wassertierchen untersuchen will, die sich in einem Uhrglas befinden.

Das Instrument kommt bei Nichtgebrauch in ein Mahagonikästchen, das daneben noch eine Reihe äußerst sorgfältig bearbeiteter Zubehörteile enthält. Interessant ist die optische Ausrüstung, denn das Gerät besitzt neben dem Objektiv und der Feldlinse ein aus drei Linsen zusammengesetztes Okular. Bei Benutzung dieses Mikroskops fällt auf, daß Verzeichnung und chromatische Aberration schwächer sind als bei älteren Mikroskopen. Dafür ist durch die Hinzufügung der weiteren Linsen im Okular die sphärische Aberration dermaßen verstärkt, daß sich insgesamt doch ein schlechteres Bild ergibt als mit vielen älteren Mikroskopen, mit denen man noch keine Versuche zur Verbesserung der optischen Leistungsfähigkeit anstellte. Die Brennweite des stärksten Objektivs mit der Nummer 1 beträgt 9,6 mm und dessen Maßstabszahl ist mit 16 : 1 schwächer als gewöhnlich. Dagegen weist das Okular eine hohe Vergrößerung auf. Sie beläuft sich auf etwa 30fach, und das ist natürlich für die Benutzung mit unkorrigierten Objektiven viel zu hoch. Außerdem kommt es im Tubus zur Bildung von Streulicht, so daß das Bild kontrastarm ausfällt.

Nach dem Tode von Adams im Jahre 1795 übernahmen die Brüder William und Samuel Jones sein Lager sowie die Publikationsrechte für seine Werke. Von William (1763–1831) wird behauptet, er habe sowohl mit Martin als auch mit Adams zusammengearbeitet. Die Brüder richteten ihr Geschäft zunächst in Holborn 135 und später in Holborn 30 in London ein, wo sie die verschiedenartigsten wissenschaftlichen Instrumente verkauften. Im Jahre 1798 gaben W. & S. Jones eine Neuauflage von Adams'

◀ 60 *»Universelles Zusammengesetztes« Mikroskop von George Adams, um 1790. Es ist signiert mit »ADAMS, LONDON«. Die Säule steht auf einem zusammenlegbaren Dreifuß und trägt oben den Tubusträger an einem Scharniergelenk. Die Scharfeinstellung erfolgt mit einem Zahntrieb, der den Tisch bewegt. Unter dem Objekttisch sind der Hohlspiegel und die Kondensorlinse am Tubusträger verschiebbar angeordnet. An der Optik dieses Mikroskops ist interessant, daß neben dem Objektiv noch eine Feldlinse sowie ein dreilinsiges Okular vorhanden ist. Man beachte die am Fuß befestigten sechs Musschenbroekschen Nüsse, die eine einfache Linse tragen. (MHS, Oxford).*

61 *Ein Kupferstich, der für W. & S. Jones angefertigt wurde und zur Illustration ihrer 1798 erschienenen Ausgabe der »Essays on the Microscope« diente, dem Buch, dessen erste Auflage von George Adams d. J. stammt. Man vergleiche diese Abbildung mit dem Original-Kupferstich von Adams aus dem Jahre 1787 (Seite 61) und beachte, daß »Das verbesserte Mikroskop von Jones« (links) sich ebenso wie das »Am meisten verbesserte Mikroskop von Jones« nur wenig von den Adamsschen Modellen unterscheiden.*

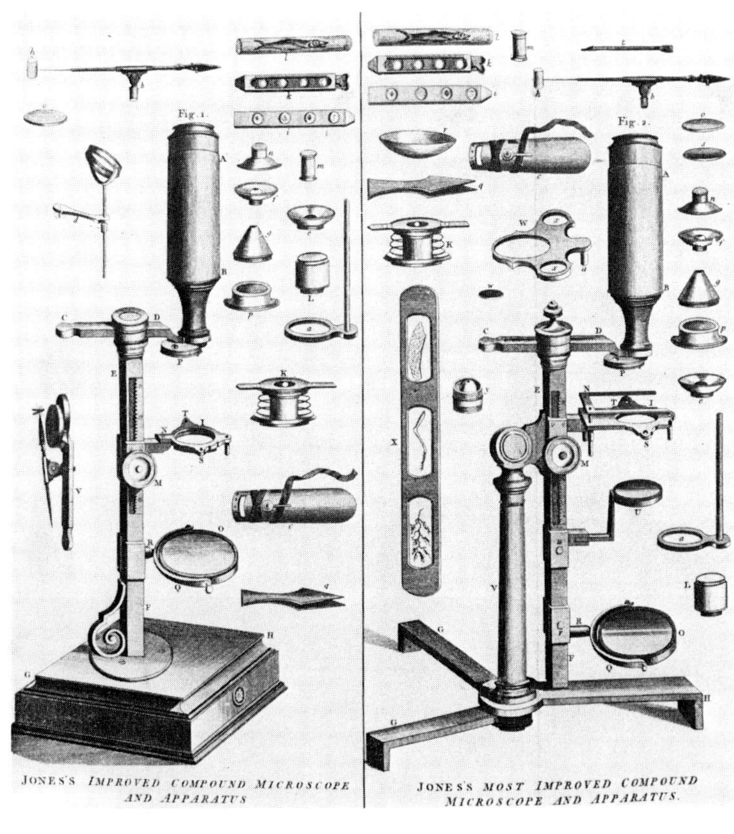

»Essays on the Microscope« heraus, bei der F. Kanmacher als Redakteur mitgewirkt hatte. Die meisten der Tafeln blieben unverändert. Nur die Tafel 4 war vollständig neu gestochen und zeigte drei zusammengesetzte Mikroskope, die von der Firma Jones geliefert wurden. Es handelte sich dabei um »Jones's Improved Compound Microscope« (»Verbessertes Mikroskop von Jones«), »Jones's Most Improved Compound Microscope« (»Am meisten verbessertes Mikroskop von Jones«) sowie »Culpeper's Microscope« (das »Culpepersche Mikroskop«). Letzteres glich dem von Adams gelieferten Gerät in allen Einzelheiten, während die beiden anderen nur geringe Abweichungen aufwiesen. Es ist eigentlich eine Ungerechtigkeit Adams gegenüber, wenn seine eigenen Modelle heute von den Sammlern als »Verbessertes Mikroskop von Jones« usw. bezeichnet werden. Außerdem ist dieses Jonessche Design keineswegs auf diese Firma beschränkt, denn es gibt die gleichen Modelle auch mit Signaturen von Dollond, Shuttleworth, Bleuler, Bate, Dunn aus Edinburgh u.a., oder sie weisen überhaupt keine Signaturen auf.

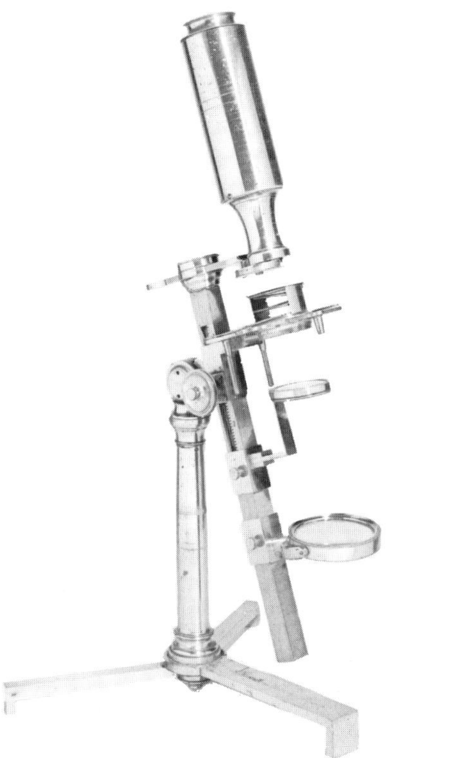

62 Ein Exemplar des »Am meisten verbesserten Mikroskops von Jones«, das am Fuß mit der Signatur »W. & S. Jones, 30, Holborn, London« versehen ist. Es war in den ersten 30 Jahren des 19. Jahrhunderts ein sehr beliebtes Mikroskop. (MHS, Oxford).

So liegt eigentlich der Gedanke nahe, daß es in Wirklichkeit nur einen einzigen Hersteller gab, der seine Produkte von verschiedenen Firmen vertreiben ließ. Das auf Tafel 62 dargestellte »Am meisten verbesserte Mikroskop« ist mit »W. & S. Jones, 30 Holborn, London« signiert. Der Tubusträger ist mit einem Gelenk an der Säule montiert, und bei dem Fuß handelt es sich um einen zusammenklappbaren Dreifuß. An dem im Querschnitt quadratischen Tubusträger werden der Spiegel und die Kondensorlinse befestigt, die man beide seitlich ausschwenken kann. Die Scharfeinstellung erfolgt durch einen Zahntrieb, der den Tubusträger bewegt. Zum Schutz der Präparate befindet sich auf dem Objekttisch ein großes U-förmiges Messingstück. Der Tubus ist mit dem Oberende des Tubusträgers durch einen Arm verbunden, der sich bogenförmig drehen sowie nach vorwärts und rückwärts bewegen läßt, was als »aquatische Bewegung« bezeichnet wurde. Die sechs Objektive sind auf einer drehbaren Scheibe montiert. Das reichhaltige Zubehör kann samt dem demontierbaren Mikroskop in einem flachen Mahagonikästchen untergebracht werden, das zahlreiche Vertiefungen und Unterteilungen aufweist.
Im Jahre 1820 starb König Georg III., und dieser Zeitpunkt wird mit Recht als das eigentliche Ende des 18. Jahrhunderts bezeichnet. In den ersten beiden Jahrzehnten des 19. Jahrhunderts änderten – ebenso wie so viele andere Dinge – auch die Mikroskope ihr Aussehen nicht. Mit dem Beginn der zwanziger Jahre werden die ersten Anstöße zu einer grundlegenden Verbesserung der Mikroskopoptik gegeben. Anlaß dazu gab u.a. die Naturphilosophie, die sich in die Naturwissenschaften umwandelte, so wie wir sie heute kennen. Im Jahre 1834 wurde das Wort »scientist« (Naturwissenschaftler) geprägt und in die englische Sprache eingeführt.
Im Verlaufe der zwanziger Jahre des 19. Jahrhunderts wurde für das zusammengesetzte Mikroskop ein neuer Bautyp entwickelt. Dieser ähnelte in mancher Hinsicht dem Ellisschen Wassermikroskop, denn die Säule war auf der Oberseite eines Kästchens befestigt und der Objekttisch ließ sich durch einen Zahntrieb in der Höhe verstellen. Der Unterschied bestand jedoch in dem zusammengesetzten Tubus, der neben dem Objektiv noch zwei Augenlinsen sowie eine Feldlinse enthielt. Einige später gebaute Modelle wiesen abgesehen vom Objektiv sogar vier weitere Linsen auf. Typisch war die Gestalt des zusammengesetzten Tubus, denn auf die zylindrische obere Hälfte folgte die untere, kegelförmige. Die geringen Ausmaße bildeten ein weiteres Charakteristikum für dieses Gerät, denn es sollte als Taschenmikroskop benutzt werden. In einer Anzeige für »Ein neues verbessertes zusammengesetztes Taschenmikroskop« wurde betont, daß »es nicht nur

63 Zwei Carysche Taschenmikroskope, von denen das eine auf der Seitenwand eines Mahagonikästchens montiert ist, während das andere eine runde, mit Blei ausgegossene Grundplatte aus Messing aufweist. Beide sind signiert mit »Cary, London« und dürften zwischen 1830 und 1840 entstanden sein. (MHS, Oxford).

leicht transportabel ist, sondern auch so stark vergrößert, daß es sich für den Gebrauch durch den Naturforscher, den Mineralogen und den Botaniker wärmstens empfiehlt«.

Dieses neue Mikroskop wurde von William Cary, einem Hersteller wissenschaftlicher Instrumente, 181 und 182 Strand, London, gebaut. Nach seinem Tode im Jahre 1825 führten seine beiden Neffen George und John Cary die Firma weiter (beide hatten bereits als Globus-Hersteller in St. James firmiert). Dabei wurde jedoch der Name W. Cary beibehalten, so daß man wenig Hilfe hat, wenn man Instrumente datieren will, die aus dieser Zeit stammen. Der eigentliche Leiter des Betriebes war Charles Gould, den bereits William Cary eingestellt hatte.

Im Jahre 1827 gab Gould eine Broschüre mit dem Titel »The Companion to the Microscope« (»Der Begleiter zu dem Mikroskop«) heraus, die bis 1848 15 Auflagen erlebte. Sie enthielt eine Abbildung von dem besagten Instrument, womit zweifellos das Geschäft belebt werden sollte. Das Mikroskop hatte folgenden Aufbau: Auf ein aus Mahagoniholz bestehendes Kästchen war die exzentrische Säule geschraubt. Der Tubus wurde von einem Arm gehalten und enthielt unten die Linsen. Zu der Ausrüstung gehörten eine Lebenszelle, Pinzetten, Objekthalterungen, Nadel, Skalpell, ein kleiner Pinsel (»um die Milben vom Käse abnehmen zu können«), eine Glasscheibe sowie drei Schieber aus Elfenbein. Die drei Objektivlinsen waren numeriert, wobei die Nummer 1 als schwächste ohne den zusammengesetzten Tubus zur Anwendung kam. No. 2 konnte für sich allein oder auch zusammen mit No. 1 benutzt werden und ergab dann eine stärkere Vergrößerung. No. 3 war in einer konischen Fassung montiert, ließ sich jedoch nur allein verwenden. Man schätzte ihre lineare Vergrößerung auf 100-fach.

Dieser Bautyp ging unter der Bezeichnung »Carysches Mikroskop« in die Geschichte ein. Es ließ sich bequem mit ins Gelände nehmen und gehörte deshalb zu den beliebtesten Mikroskopen seiner Zeit. Eine große Anzahl davon existiert auch heute noch. Allerdings sind diese Geräte verschieden groß – man kennt große, mittlere und kleine – außerdem wird die Basis, die die Säule trägt, nicht immer von einem Kästchen gebildet. So sind manche der Caryschen Mikroskope mit einem schweren runden Fuß aus Messing versehen. Häufig trifft man auf den eingravierten Namen »Cary«, aber auch auf viele andere Signaturen von Händlern, die in London und verschiedenen Provinzstädten ansässig waren. Außerdem sind unsignierte Instrumente bekannt.

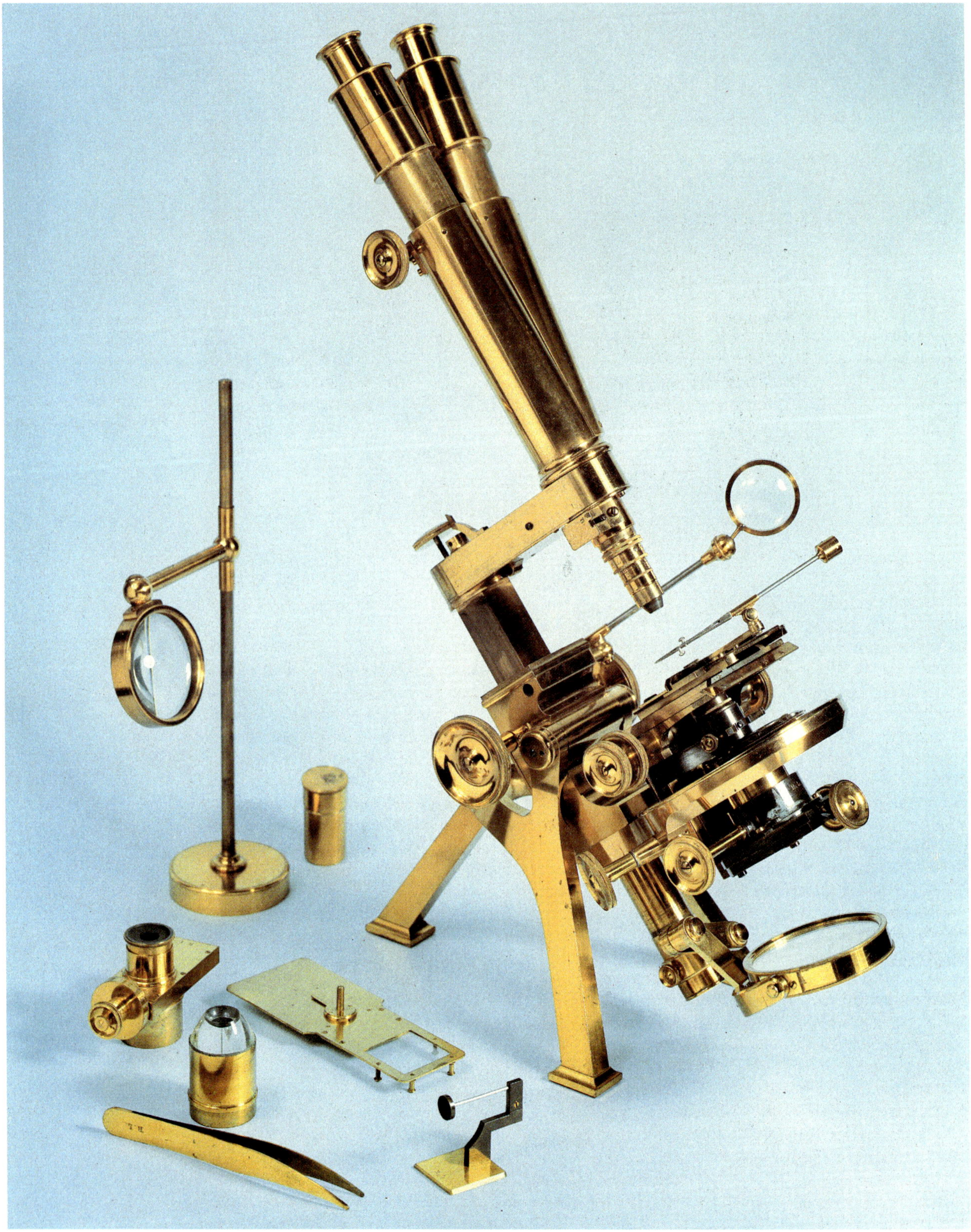

6 Das Mikroskop im Viktorianischen England

Im frühen 19. Jahrhundert erfuhren die Werkzeugmaschinen sowie die Präzision wissenschaftlicher Instrumente bedeutende Verbesserungen. Das Mikroskop war von dieser Entwicklung jedoch ausgenommen. Es stand qualitätsmäßig weit hinter dem Fernrohr zurück, weil es aus den verbesserten achromatischen Objektiven, die John Dollond im Jahre 1758 eingeführt hatte, keinerlei Nutzen ziehen konnte. Man war ganz einfach damals technisch noch nicht in der Lage, so winzige achromatische Linsenpaare herzustellen, wie sie für die Mikroskopobjektive erforderlich gewesen wären. Die Versuche, die man im ersten Jahrzehnt des 19. Jahrhunderts anstellte, führten lediglich zu Objektiven mit niedrigen Maßstabszahlen und Brennweiten von bestenfalls 25 mm. Außerdem wäre man gar nicht bereit gewesen, durch Einführung von Verbesserungen in den Werkstätten die Voraussetzungen zur Fertigung neuer Linsen zu schaffen, selbst wenn die Konstruktionsunterlagen dazu vorgelegen hätten. So meinten verschiedene Mikroskopisten, eine Verbesserung des zusammengesetzten Mikroskops sei unmöglich, und man versuchte, andere Wege zu beschreiten. Einer davon war das Spiegelmikroskop, das Mitte der zwanziger Jahre von Professor Amici in Italien, von Syds J. Rienks in den Niederlanden sowie von John Cuthbert in London hergestellt wurde. Andere versuchten, stärkere einfache Linsen aus höherbrechendem Material, wie Diamant oder Saphir, herzustellen. Die Idee dazu stammt von David Brewster aus dem Jahre 1813 und wurde 1824 von Andrew Pritchard in die Tat umgesetzt. Zwar gelang so eine Verbesserung der Auflösung, jedoch bestanden große Schwierigkeiten bei der Herstellung derartiger Edelsteinlinsen. Da sie noch dazu doppelbrechend sind, hatte man es obendrein mit dem Problem der Bildverdopplung zu tun. Dagegen waren die Coddingtonsche Lupe sowie das Wollastonsche Doublet gut zu gebrauchen und viel billiger.

Diese Situation änderte sich durch die geduldigen Bemühungen von Joseph Jackson Lister, einem Weinhändler aus der City von London, grundlegend. Er war der Vater des Chirurgen Lord Lister und legte das Ergebnis seiner jahrelangen Experimente in einem Artikel über die Gestaltung von Objektivlinsen nieder. Dieser wurde im Januar 1830 von der Royal Society veröffentlicht und schuf die Voraussetzung dazu, daß das Mikroskop eine Spitzenstellung unter den wissenschaftlichen Instrumenten erlangen konnte.

Um die Mitte des 19. Jahrhunderts galten die Mikroskopbauer Londons als die besten in der Welt, und diese führende Stellung verdankten sie zweifellos zu einem hohen Maße den Listerschen Experimenten. Er konstruierte das erste optische System auf wissenschaftlicher Grundlage. Selbstverständlich arbeiteten in London mehrere Mikroskophersteller und hinzu kam noch eine Vielzahl weiterer Geschäfte, die sich lediglich mit dem Vertrieb von Mikroskopen befaßten und die sowohl in London als auch in der Provinz bestanden. Jedoch gab es drei Hersteller von optischen Instrumenten, die eine führende Stellung einnahmen und Firmen gründeten, die das gesamte Jahrhundert hindurch und sogar noch darüber hinaus bestanden. Diese drei sollen zusammen mit ihren Produkten etwas näher behandelt werden. Es waren dies: Andrew Ross (1798–1859), Hugh Powell (1799–1883) sowie James Smith (?–1870).

64 Das hier abgebildete Exemplar ist ein besonders schönes Beispiel für ein No 1 - Mikroskop von Powell & Lealand mit einem vollständigen Satz von Zubehörteilen. Es ist signiert und datiert mit: »POWELL & LEALAND, 170, Euston Road, London, 1864«. Gekauft wurde dieses Instrument von der Universität Oxford, und aus den Rechnungen geht hervor, daß den Herren Powell & Lealand am 2. Januar 1865 für das Mikroskop samt Zubehör die Gesamtsumme von 131 Pfund, 14 Schillingen und 6 Pennies bezahlt wurde. Diese Summe enthielt einen Betrag von 31 Pfund und 10 Schillingen allein für das Objektiv mit der Brennweite 1/50 Zoll. Der Binokulartubus enthält das Strahlenteilerprisma nach Wenham, und zwar in seiner endgültigen Form, wie sie im Jahre 1861 entstand. Interessant ist, daß zu dieser außerordentlich weit entwickelten, für streng wissenschaftliche Zwecke vorgesehenen Ausrüstung immer noch eine Fischplatte gehörte. Diese Vorrichtung zur Untersuchung der Blutzirkulation wurde bereits von John Marshall um 1600 geliefert und war bis um das Jahr 1890 im Handel. (MHS, Oxford).

65 *Das von Andrew Ross für W. Valentine im Jahre 1831 hergestellte einfache Mikroskop. Aus: »Transactions of the Society of Arts«, Vol. 48 (1832), Tafel 6.*

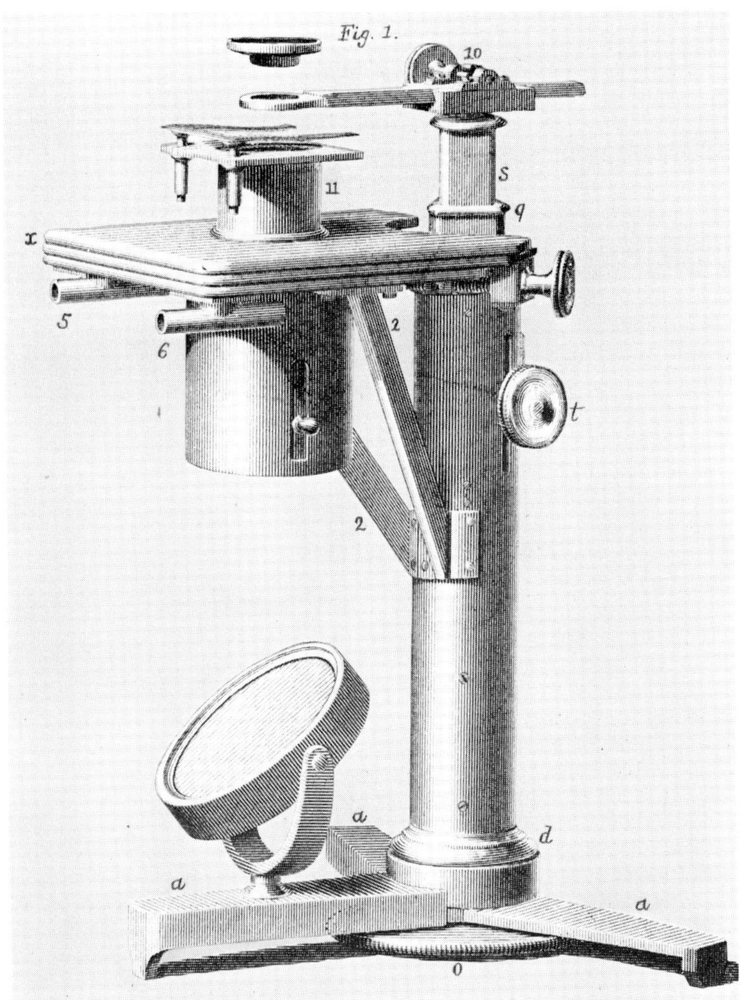

Ross gründete seinen Betrieb im Jahre 1830. Eines seiner ersten Instrumente, von denen uns eine Kenntnis erhalten geblieben ist, wurde im Jahre 1831 für William Valentine, einen Pflanzenanatom aus Nottingham hergestellt. Um dieselbe Zeit baute Ross auch Fernrohre in seiner Werkstatt in Clerkenwell, Albemarle Street am St. John's Square. Valentines Gerät war gleichzeitig ein einfaches und ein zusammengesetztes Mikroskop, denn einmal konnte der Linsenhalter entweder eine einzige Linse oder auch ein Doublet aufnehmen, zum anderen ließ sich aber der Halter auch entfernen und durch einen Tubus ersetzen. Dieser wurde von einem konischen Stift gehalten, der in das obere Ende der Säule paßte. Zwar erwies es sich als ein Nachteil, daß das Gewicht des ganzen Instrumentes auf den Feintrieb drückte. Neu war jedoch, daß das große Rändelrad unter dem Fuß angeordnet und in 100 Teile geteilt war. Es setzte eine Schraube in Gang, die für eine Strecke von einem Zoll 50 Umdrehungen benötigte. Wir haben es hier also mit einer der ersten Mikrometerschrauben zu tun, die zur Feineinstellung diente. Die Anordnung des zur Scharfeinstellung dienenden Rades ist dagegen die gleiche wie bei einem Gerät von George Adams aus dem Jahre 1746.

Der Objekttisch war außen an der Säule befestigt und ließ sich mit Hilfe zweier Schrauben in zwei senkrecht zueinander angeordnete Richtungen verstellen. Diese Vorrichtung wurde unter der Bezeichnung »Turrellscher mechanischer Objekttisch« bekannt und geht auf eine Entwicklung zurück, die William Turrell im Jahre 1832 veröffentlicht hatte. Neu daran war der Koaxialtrieb zur Tischverstellung. Somit ließ sich der Objekttisch leicht in der x- oder y-Richtung verstellen, indem man mit der rechten Hand einfach von dem einen Rändelrad auf das andere überwechselte.

Seit dem Jahre 1837 hatte Ross eine neue Adresse: Piccadilly, Regent Street 33. Seine Mikroskope sind von diesem Zeitpunkt an bis 1841 mit der folgenden Signatur versehen: »Andw. Ross & Co.«. Hinter dem Kompagnon verbirgt sich J.J. Lister, der zusammen mit Ross ein neues Objektiv mit der Brennweite 1/8 Zoll (3,2 mm) konstruierte. Lister und Ross waren außerdem Gründungsmitglieder der Microscopical Society of London, die sich dann von 1866 an »Royal Microscopical Society« nannte. Powell gehörte ebenfalls zu diesem Kreis, während Smith der Gesellschaft im ersten Jahr ihres Bestehens beitrat.

Mit den neuen, stärkeren Objektiven war es zum ersten Male möglich, feinere Einzelheiten wirklich aufzulösen. Damit erhob sich aber gleichzeitig die Forderung nach wesentlich mehr Stabilität, was die Befestigung des Tubus betraf. Das oben beschriebene Valentinesche Mikroskop war für die neuen Objektive absolut ungeeignet. Deswegen versuchte

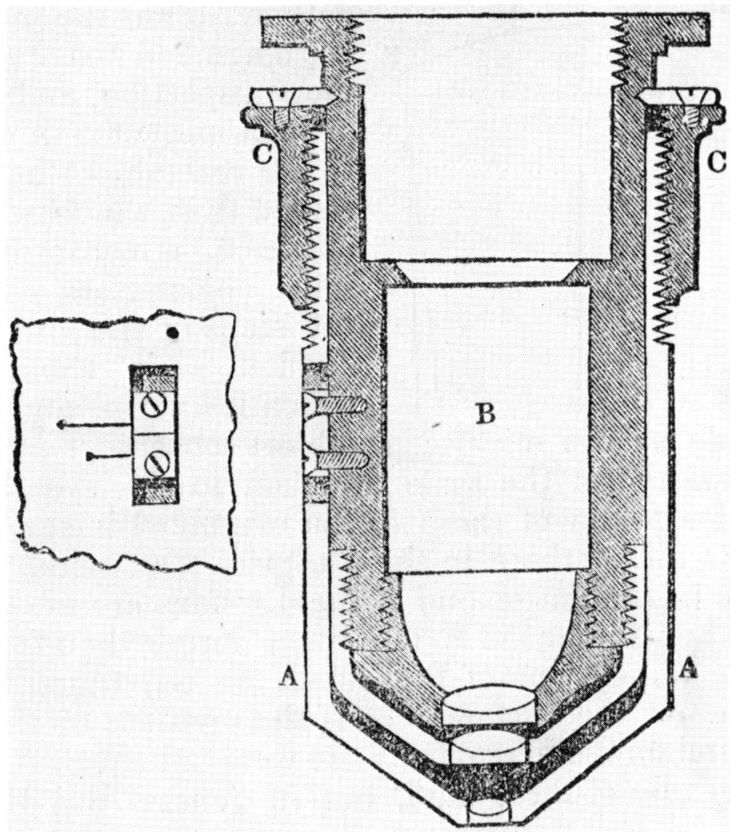

66 Holzschnitt von einem Längsschnitt durch ein Objektiv, das Andrew Ross nach den Plänen von J.J. Lister hergestellt hatte (aus: The Penny Cyclopaedia, Bd. 15, 1839). Der Ausschnitt links zeigt die Markierungslinien, auf die die Korrektionsfassung eingestellt werden mußte, wenn mit Deckglas bedeckte Präparate untersucht wurden.

Ross ebenso wie andere Hersteller, die Mechanik der Instrumente zu verbessern, damit sie den Ansprüchen der neuen Optik gerecht wurden. In einem 1840 an die Microscopical Society gerichteten Bericht wird folgendes ausgeführt: »Wir sind Herrn Ross zu tiefem Dank verpflichtet, weil er ein neues und geniales Verfahren eingeführt hat, um Vibrationen am Mikroskop zu vermeiden. Die Bedeutung von solchen Verbesserungen, wie sie von Herrn Ross vorgeschlagen wurden, muß von allen denjenigen voll anerkannt werden, die Mikroskope mit starken Vergrößerungen in betriebsamen Großstädten benützen müssen, wo es keine Durchgangsstraße ohne Geratter vorbeifahrender Wagen gibt, oder die sich zusammen mit anderen Untersuchern in einem Raum befinden, wo die durch jeden Schritt verursachten Erschütterungen sofort auf das unter dem Mikroskop liegende Objekt übertragen werden.«

Interessant an diesen Ausführungen ist die unterschwellige Kritik, die an den älteren Mikroskopen geübt wird. Denn während der hundert Jahre, die seit der Einführung der exzentrischen Säule durch Cuff verflossen waren, hatte sich der mechanische Aufbau der Geräte sogar noch verschlechtert. Allerdings muß man auch zugeben, daß die Mikroskopoptik in der Zeit vor Lister überhaupt keine stabileren Stative verlangte. Diese wurden in erster Linie so gestaltet, daß sie in den Salons Eindruck hervorriefen.

Ein weiteres Nebenprodukt, das sich durch die neuen Objektive ergab, war die Korrektionsfassung, mit der die stärksten Objektive versehen wurden. Ross erwähnte sie zum ersten Male in einem Artikel, der im Jahre 1837 unter dem Titel »An adjusting Object-glass« (»ein einstellbares Objektglas«) erschien. Die Korrektionsfassung bestand aus einem außen am Objektiv angebrachten Ring, der sich drehen ließ. Dadurch wurde der Abstand zwischen der Frontlinse und der darauf folgenden Linse verändert. Das war notwendig, um das unterschiedliche Ausmaß an sphärischer Aberration kompensieren zu können, zu dem es bei Verwendung uneinheitlich dicker Deckgläser kam. Bei den von Lister konstruierten Objektiven war die sphärische Aberration so weit behoben, daß sich die Lichtbrechung am Deckglas als Schärfenverlust äußerte. Die Korrektionsfassung erlaubte es dem Mikroskopisten, sein Objektiv der jeweiligen Deckglasdicke anzupassen, denn diese fiel damals noch außerordentlich uneinheitlich aus und deshalb waren zu ihrer Messung besondere Vorrichtungen erforderlich. Eine solche hatte entweder Keilform, ähnlich wie eine Drahtlehre, und war auf der einen Seite mit einer Skala versehen. Oder es handelte sich um eine Mikrometerschraube, die auf einem Stativ montiert war. Davon sind einige aus Viktorianischer Zeit stammende Beispiele erhalten geblieben, die unter kleinen Glaskuppeln aufbewahrt wurden. Von etwa 1840 an bis zur Einführung der standardisierten Deckglasdicke um das Jahr 1860 sind die Objektive mit Brennweiten von 1/8 Zoll (3,2 mm) und kürzer mit einer Korrektionsfassung versehen. Deren Ring ist entweder mit Zahlen oder einigen Strichen und den Bezeichnungen »bedeckt« und »unbedeckt« versehen. In sehr seltenen Fällen verkauften gewissenlose Händler Objektive, die zwar derartige Bezeichnungen, jedoch keinerlei Korrektionsfassung aufwiesen.

Andrew Ross war kein gewöhnlicher Handwerker, sondern er besaß auch die Fähigkeit, ausführlich aus seinem Fachgebiet zu publizieren. So veröffentlichte er einen lesenswerten Artikel über das Mikroskop in »The Penny Cyclopaedia of the Society for the Diffusion of Useful Knowledge« (1839). Darin beschrieb er zwei seiner Modelle. Das erste war eine verbesserte Version des einfachen Valentineschen Mikroskops, das für Präparationsarbeiten bestimmt war, während es sich bei dem anderen um ein vollständig neues Modell handelte. Letzteres war für seine Zeit bereits erstaunlich weit entwickelt, und man kann sagen, daß es sich bei ihm um das erste wirklich rundum zufriedenstellende Mikroskop handelte. Es erwies sich als ebenso revolutionär wie seinerzeit das von Hooke entwickelte Instrument. Der Tubusträger bestand aus einem Stück. Er trug sowohl den Tubus als auch den Objekttisch und war mit einem Gelenk an der Säule befestigt. An seinem unteren Ende war ein Stift zur Befestigung des Spiegels angebracht, während oben die Zahnstange verlief. Darüber befand sich ein Schlitten, der den Tubus hielt.

Dieser wurde zur groben Scharfeinstellung durch ein Zahnrad bewegt, wenn man an einem der beiden gerändelten Räder drehte. Dabei war der Gang zügig und spielfrei. Es wird allgemein angenommen, daß Lister bei der Konstruktion dieses Stativs mitwirkte, weswegen man oft vom »Listerschen Tubusträger« (»Lister limb«) spricht. Die Feineinstellung geschah mit Hilfe eines kurzen Hebels, der auf das federnd gelagerte Unterteil des Tubus wirkte. Da dieses nur wenig belastet war, mußte man dort kaum Verschleißerscheinungen befürchten.

Bei seinem nächsten Modell ging Andrew Ross von einer ganz anderen Grundkonzeption aus, denn er wollte den Schwerpunkt weiter nach unten verlagern. Eine Beschreibung und eine Abbildung von diesem Gerät erschienen im Dezember 1843, dem gleichen Jahr, in dem Ross von der Regent Street nach Holborn, Featherstone Buildings 21, zog. Die Abbildung wurde 1848 als Titelbild für das Buch »A Practical Treatise on the Use of the Microscope« (»Eine praktische Abhandlung über den Gebrauch des Mikroskops«) von John Quekett benutzt, das das erste moderne Lehrbuch über die Mikroskopie darstellt. Das »Inserat« muß den Absatz gewaltig gesteigert haben. Zu den bemerkenswertesten Neuerungen dieses Gerätes gehören die folgenden: Der Y-förmige, flache Dreifuß trägt zwei stabile Platten, zwischen die das übrige Instrument an Zapfen eingehängt ist. Das erwies sich als wesentlich zweckmäßiger als das oben an einer Säule angebrachte Gelenk, das sich noch aus dem 18. Jahrhundert herübergerettet hatte. Unter den Zapfen ist der Zahntrieb für die Grobeinstellung angeordnet, während das andere Ende den Arm hält, der den Tubus trägt. Den Arm durchzieht ein langer Hebel, der zur Feineinstellung dient.

Es ist gut möglich, daß dieser armförmige Tubusträger (»bar-limb«) auf Hugh Powell zurückgeht. Denn dieser hatte im selben Jahr (1843) und in der gleichen Zeitschrift, jedoch bereits einige Monate früher sein eigenes neues Modell vorgestellt, das im wesentlichen dem von Ross glich (siehe Abb. 71 und 72). Das Rosssche Modell mit seinem typischen Fuß wurde bis um das Jahr 1890 hergestellt und daneben noch von vielen Firmen nachgebaut. Außerdem ist es selbstverständlich, daß eine so große Firma, wie die von Ross es war, auch Mikroskope zum Weiterverkauf produzierte.

Im Jahre 1850 brachte Ross die erste Modifikation heraus, die sich von dem ursprünglichen Modell in einigen kleinen Punkten unterschied. So war sie mit einem Drehtisch versehen und wies unter dem Objekttisch eine komplette Beleuchtungseinrichtung auf, die man horizontal verstellen und drehen konnte. Das Gerät wurde wahrscheinlich für die Weltausstellung des Jahres 1851 hergestellt; es war gleichzeitig das letzte Mikroskop, das von Andrew Ross selbst entwickelt worden war, denn er starb am 8. September 1859. Die Preisrichter der Ausstellung verliehen Ross den ersten und Smith den zweiten Preis (Powell hatte sich nicht beteiligt), während beide die Council Medal, die höchste Auszeichnung, erhielten. Die Begründung lautete folgendermaßen: »Ross stellt ein Mikroskop aus, dessen mechanische Teile ausnehmend gut sind: die Bewegungen gehen zügig und spielfrei; das Stativ ist solide und trotzdem nicht unpraktisch. Die Objekt-Gläser enthalten zusammengesetzte Linsen aus verschiedenartigem Glas, die eine Kombination bilden, um das sekundäre Spektrum einzuengen. Das ist in einer Vollkommenheit gelungen, daß man kaum noch eine Farbtrennung wahrnimmt.«

Im Jahre 1850 stand Andrew Ross auf der Höhe seines Ruhmes, und das nicht nur in England, sondern ebenso auf dem europäischen Festland. Mit Unterstützung von J.J. Lister hatte er eine Reihe Objektive von tadelloser Qualität hergestellt, aus denen das mit der Brennweite von 1/12 Zoll (2,1 mm) besonders hervorstich. Es erzielte um das Jahr 1859 einen Öffnungswinkel von 170°, was einer numerischen Apertur von 0,996 entspricht. In einer Zeit, in der man noch ausschließlich Trockenobjektive benutzte, hatte Ross damit die Grenze des Machbaren erreicht. Viele aus dieser Zeit stammende Objektive von Ross können noch unter alten Mikroskopzubehörteilen entdeckt werden. Sie sind nicht nur signiert, sondern auch mit Datum versehen. Sie stellen erlesene Beispiele hervorragender handwerklicher Arbeit dar.

67 Großes zusammengesetztes Mikroskop, signiert mit: »A. Ross, London«. Das Instrument wurde um 1858 hergestellt, jedoch sind einige Objektive mit »1857« datiert. Dieser Mikroskoptyp wurde viele Jahre lang produziert und kostete (ohne Optik) im Jahre 1852 30 Pfund und im Jahre 1875 33 Pfund. Unter dem Objekttisch befindet sich ein zweiter Tisch, der den Kondensor, die Blenden oder das Nikolsche Prisma trägt. (MHS, Oxford).

68 *Sechs Objektive aus der Firma Ross, von denen alle bis auf das äußerste rechte von Andrew Ross (der 1859 starb) selbst signiert sind. Das dritte Objektiv von links ist mit »1856« datiert. Das äußerste rechte Objektiv ist ein späteres Produkt der Firma, trägt als Signatur »Ross« und weist eine immergierbare Frontlinse auf (MHS, Oxford).*

Somit hatte Ross in einem Zeitraum von etwa 20 Jahren Objektive hergestellt, von denen manche glauben, daß sie eine bessere Auflösung erzielten als gleich starke moderne Systeme, die aus der Massenproduktion stammen. Man kann mit Fug und Recht behaupten, daß sich das Mikroskop durch das Zusammenwirken von Lister und Ross aus einem hochgeschätzten Spielzeug in ein wissenschaftliches Instrument wandelte, das eine enorme Bedeutung für die Geologie, die Medizin, die Lebensmittelkontrolle sowie für das Studium von Materialien und lebenden Geweben erlangte.

Die Firma Ross stellte neben Mikroskopen auch Photoobjektive und Fernrohre her, und der Sohn Thomas wandte sich dieser nicht-mikroskopischen Seite des Unternehmens zu. Im Jahre 1850 heiratete ein junger Deutscher mit Namen Heinrich Dallmeyer die Schwester von Thomas und trat in die Firma ein. Jedoch kam es bald zum Streit zwischen den beiden Männern, was zur Teilung der Firma führte. Dabei übernahm Thomas die Fertigung von Photoobjektiven, während Dallmeyer Fernrohre herstellte. Nach dem Tode von Ross sen. trennten sich die beiden vollständig und wurden zu Konkurrenten. Thomas Ross starb am 16. Dezember 1870. Die Firma bestand zunächst in der Wigmore Street 7, zog später in die New Bond Street 164, um sich ein Jahr später, nämlich 1880, in der New Bond Street 112 zu etablieren.

In den achtziger Jahren des vorigen Jahrhunderts wurde der bis dahin gebräuchliche Fuß durch einen ausgeprägteren Dreifuß mit geschwungenen Füßen ersetzt, während man in den neunziger Jahren zu einem runden, ringförmigen Fuß überging. Andere Teile des Stativs sind nach deutschen Vorbildern gebaut. Auf einer aus dem Jahre 1900 stammenden Anzeige ist die neue Serie der Standard-Mikroskope zu sehen. Alle von ihnen stellen genaue Nachbildungen von Leitz- und Zeiss-Instrumenten dar mit dem auf dem Festland üblichen Hufeisenfuß. Neben der Bond Street werden auf der Anzeige noch ein weiteres Geschäft in der Cockspur Street 31, Charing Cross, sowie der Fertigungsbetrieb in Clapham Common erwähnt.

J.J. Lister beauftragte einen Hersteller mathematischer Instrumente mit Namen James Smith mit dem Bau eines Mikroskops, das für die Benutzung seiner neuen Objektive geeignet war. Bei diesem Gerät handelte es sich um eine Anlehnung an Bautypen, wie sie im späten 18. Jahrhundert gebräuchlich waren. Es war jedoch zur Vermeidung von Vibrationen mit Stützen versehen. Eine Modifikation davon, die sich für die serienmäßige Fertigung eignete, stellte William Tulley her, der in Terrets Court, Upper Street, Islington, Fernrohre produzierte.

Weil die Nachfrage nach Mikroskopen immer weiter anstieg, hielt es Smith für erforderlich, seinen Betrieb zu erweitern, und so zog er im Jahre 1839 in die Ironmonger Row 50, Old Street, in London. Er erhielt von Lister die erforderlichen Unterlagen zum Bau von Mikroskopobjektiven mit den Brennweiten 1, ½ und ¼ Zoll (25,3 mm, 12,7 mm und 6,3 mm). Als die neu geründete Microscopical Society ihre ersten Mikroskope bestellte, wandte sie sich an die drei führenden Hersteller Smith, Ross und Powell. Smith lieferte sein Mikroskop im November 1841, und es ähnelte seinem Aufbau nach sehr demjenigen Gerät, das Ross im Jahre 1839 in »The Penny Cyclopaedia« beschrieben hatte. Nur benutzte Smith zur Halterung des Tubus keinen eigenen Schlitten, sondern versah den Listerschen Tubusträger mit einer längs verlaufenden Vertiefung, in der sich die am Tubus befestigte Zahnstange bewegen konnte. Diese Vorrichtung zur groben Scharfeinstellung bewährte sich bestens. Um die Kosten niedrig zu halten, wurden Satzobjektive geliefert. Dabei ließ sich die Brennweite des Objektivs, die zunächst 1 ½ Zoll (38 mm) betrug, durch Aufschrauben einer Frontlinse auf 8/10 Zoll (20 mm) und mit Hilfe einer weiteren Frontlinse auf ½ Zoll (12,7 mm) reduzieren. Die Smithschen Satzobjektive wurden unter wenig bemittelten Medizinstudenten sehr beliebt.

Smith war einer jener Handwerker, die bestrebt waren, den Wünschen ihrer Zeit nachzukommen. Er lieferte deshalb Instrumente, die nicht ausgefallen, sondern solide waren. Dadurch legte er den Grundstein zu einem Unternehmen, das bis in die zweite Hälfte des 20. Jahrhunderts Bestand hatte.

Richard Beck, ein Neffe von J.J. Lister, wurde zu Smith in die Lehre geschickt und trat im Jahre 1847 als Teilhaber in die Firma ein. Sie nannte sich danach Smith & Beck. Gleichzeitig fand ein Umzug statt, und seit Februar 1847 lautete die Anschrift: Coleman Street 6 in der City von London. Für die Mikroskopstative wurden die hohe Säule und das Scharnier bevorzugt, doch probierte man auch von Zeit zu Zeit andere Varianten aus. Ein Studentenmikroskop war sogar mit dem Rossschen Fuß versehen, allerdings in umgekehrter Orientierung, mit dem kurzen Fortsatz nach vorn. Bei der Weltausstellung des Jahres 1851 verliehen die Preisrichter der Firma zwar eine Council Medal, waren allerdings der Ansicht, daß Ross sowohl hinsichtlich der Mechanik als auch in der Optik leicht in Führung lag.

Im Jahre 1851 trat Joseph Beck in den Betrieb seines Bruders ein, nachdem er bei Troughton & Simms, dem führenden Hersteller wissenschaftlicher Instrumente in der damaligen Zeit, seine Lehre absolviert hatte. Im Jahre 1857 wurde er ebenfalls Teilhaber und der Firmenname änderte sich in »Smith, Beck & Beck«. Um der Nachfrage nach ihren Produkten nachzukommen, übernahm man im Jahre 1853 in Holloway eine Fabrik, die den Namen »Lister-Werke« (»Lister Works«) erhielt. Nach Vergrößerung der Fertigungskapazität war das Unternehmen in der Lage, binokulare Tuben herzustellen, die der aus New Orleans stammende Professor J.A. Riddel im Jahre 1851 erneut erfunden hatte. Davon erfuhren sowohl Nachet in Paris als auch Francis Wenham in London. Sie veröffentlichten 1853 beide ihre eigenen Versionen eines binokularen Mikroskops. Das erste Modell von Wenham wies zunächst ein symmetrisches Prisma und deswegen auch einen symmetrischen Tubus auf. Im Jahre 1861 erfand er jedoch ein neues Prisma zur Strahlenteilung, bei dem der eine Tubus gerade und der andere, der dem linken Auge des Mikroskopisten zugewandt war, schräg verlief. Dieser so typische, schräg verlaufende zweite Tubus bildete für den Rest des Jahrhunderts das Merkmal für die britischen binokularen Mikroskope. Sie waren deshalb so beliebt, weil sie sich durch einfaches Herausziehen des Prismas in einer monokularen Version verwenden ließen. Das war erforderlich, wenn man bei stärkeren Vergrößerungen das volle Auflösungsvermögen des Objektivs erhalten wollte.

Im Jahre 1864 schied James Smith aus der Firma aus, so daß sich deren Name abermals änderte, und zwar diesmal in »R. & J. Beck«. Die Geschäftsleitung zog nach Cornhill 31 in der City von London. Die Anschrift »Cornhill 68« stammt vom Juni 1880. Von 1870 bis 1885 hatte die Firma in Amerika mit James T. Queen & Co. in der Chestnut Street in Philadelphia ihre eigene Vertretung.

Am Ende des 19. Jahrhunderts bestand zwischen den größeren Herstellern eine harte Konkurrenz. Damals übten die deutschen Mikroskopmodelle einen enorm großen Einfluß aus, während gleichzeitig die deutsche Naturwissenschaft in hohem Ansehen stand. Als Folge davon wurde überall der kurze, 160 mm lange Tubus und der Hufeisenfuß nachgebaut. Trotzdem kam das von der Royal Microscopical Society empfohlene Objektivgewinde weltweit in Gebrauch. Es wurde im Jahre 1858 eingeführt und hilft so beim Datieren von Objektiven, soweit sie aus der Mitte des vorigen Jahrhunderts stammen, denn Ross, Powell und sämtliche Firmen auf dem europäischen Festland benutzten unterschiedliche Gewinde. Nur Smith versah seine Objektive mit Gewinden, die dem von der Gesellschaft empfohlenen weitgehend angeglichen waren.

Hugh Powell war Hersteller wissenschaftlicher Instrumente und arbeitete in der Clarendon Street 24, Somer's Town, in London. Man weiß, daß er bereits in den dreißiger Jahren des 19. Jahrhunderts einige Mikroskope hergestellt hatte. Er genoß ein so hohes Ansehen, daß er zu den drei Männern gehörte, die von der Microscopical Society als Hersteller für die Mikroskope ausgewählt wurden, mit denen die Mitglieder arbeiten sollten. Powell erhielt im Mai den Auftrag und lieferte im Dezember 1841. Es handelte sich dabei um ein unglaublich schweres und plumpes Gerät, einen wahren Dinosaurier unter den Mikroskopen, das zum baldigen Aussterben bestimmt war.

Eine Zeitlang hatte der Schwager von Powell, Peter Lealand, die Objektive hergestellt, bevor er Ende 1841 Teilhaber der Firma wurde. Mit diesem Jahr setzt also die berühmteste Partnerschaft der englischen Mikroskopgeschichte ein und sie hielt an bis

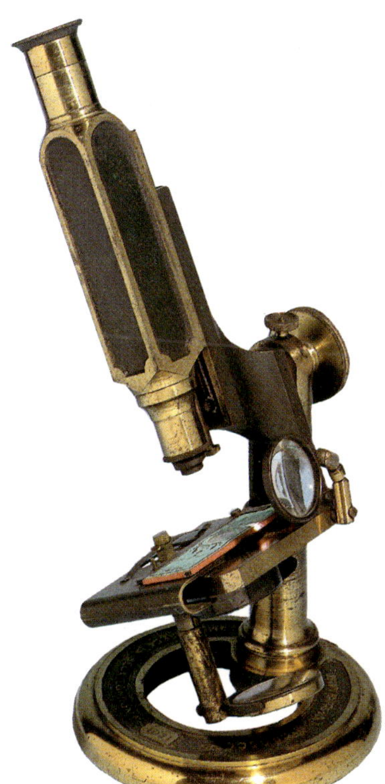

69 Dieses Instrument weist auf seinem runden Fuß folgende Signatur auf: »UNIVERSAL MICROSCOPE SMITH, BECK and BECK LONDON 4031« und stammt aus dem Jahre 1865. Es ist das Ergebnis von Bemühungen, ein zusammengesetztes Mikroskop einer sehr niedrigen Preisklasse zu schaffen, indem man seinen Aufbau so einfach wie möglich gestaltete. Die Scharfeinstellung wird über einen Kettentrieb vorgenommen, den man unmittelbar hinter dem unteren Ende des Tubus erkennen kann. (MHS, Oxford).

70 Bei diesem Gerät handelt es sich um ein »Large Best«-Mikroskop mit der Signatur »R. & J. Beck, 31 CORNHILL, LONDON 5381«. Außerdem ist auf dem Fuß der Name des Lieferanten eingraviert: »Broadhurst, Clarkson & Co., 63 Farringdon Rd., EC«. Aus der Seriennummer kann man schließen, daß das Gerät im Jahre 1870 hergestellt wurde. Das Instrument besitzt einen schwenkbaren Doppelspiegel, einen zentrierbaren Beleuchtungsapparat, einen achromatischen Kondensor mit Lochblenden auf einer Revolverscheibe, einen Drehtisch sowie einen mit Wenhamschem Prisma versehenen Binokulartubus. Die grobe Scharfeinstellung erfolgt über einen Zahntrieb, während die Feineinstellung mit einem Hebelmechanismus vorgenommen wird, der an das untere Ende des Tubus angreift. Im Jahre 1870 betrug der Preis für ein vollständig ausgerüstetes »Large Best«-Mikroskop samt Aufbewahrungsschrank und zwei Kästen mit dem »Apparat« 125 Pfund. (MHS, Oxford).

in die Zeit des Ersten Weltkrieges. Ende 1841 kam ein neues Modell auf den Markt, und dieses hatte die Schwerfälligkeit verloren. Powell gab ohne weiteres zu, daß bei dem Gerät die aus zwei Säulen bestehende Halterung, an der der Tubusträger mittels Zapfen befestigt war, von dem Chirurgen George Jackson stammte, daß der Kreuztisch auf eine Entwicklung von Turrell zurückging und daß das mit Korrektionsfassung versehene Objektiv von Ross erfunden worden war. Außerdem wies das Mikroskop einen achromatischen Kondensor auf, wie man ihn erst vor kurzem in Frankreich entwickelt hatte. Das Instrument soll billiger gewesen sein als das an die Microscopical Society gelieferte Exemplar. Man erklärte: »Der Preis des oben beschriebenen Gerätes schwankt zwischen vierzig und siebzig Guineen, je nach erzielbarer Vergrößerung und Art des mitgelieferten Zubehörs; mit den Object-Gläsern der Brennweiten 1/8, 1/4 und einem Zoll (3,2 mm, 6,3 mm bzw. 25,4 mm) kostet es vierzig Guineen; mit dem achromatischen Kondensor stellt es ein wirklich hervorragend ausgerüstetes Instrument dar, das 45 Guineen kostet.« Dieser Preis würde etwa 1000 Britischen Pfund in heutiger Währung entsprechen.

Das nächste von Powell und Lealand stammende Mikroskopmodell war insofern bedeutsam, als sich daraus das berühmte Stativ Nr. 1 entwickelte, von dem ein Modell sogar noch im Jahre 1912 hergestellt wurde. Dieses aus dem Jahre 1843 stammende Instrument gehört zum »bar-limb«-Typ. Als Fuß dient ein ausgeprägter Dreifuß, an dem das übrige Gerät durch Zapfen befestigt ist. Dabei wird das Gewicht besser als bei dem älteren Modell verteilt. Die Feineinstellung erfolgt über einen langen, im Arm (»bar«) verlaufenden Hebel und wirkt nur auf das Tubusunterteil.

In seinem im Jahre 1848 erschienenen Buch »Treatise on the Microscope« (»Abhandlung über das Mikroskop«) führt John Quekett fünf von Powell & Lealand stammende Geräte auf. Drei davon wurden bereits erwähnt. Bei den beiden anderen handelt es sich um ein Reisemikroskop sowie um ein Studentenmikroskop. Ersteres besaß einen zusammenlegbaren Dreifuß und einen armförmigen Tubusträger (»bar-limb«). Fuß und Tubusträger des zweiten Modells bestanden aus einem einheitlichen Stück Gußeisen, und sein Tisch ließ sich durch einen Hebel verstellen. Es wurde unter der Bezeichnung »Eisenmikroskop« bekannt, obwohl es manchmal auch einen Fuß aus Messing hatte.

Mit Ausnahme des Eisenmikroskops tragen die Mikroskope von P. & L. (wie die Firma oft genannt wird) in der Regel Angaben über Datum und Anschrift. Nachdem der Betrieb im Jahre 1846 von Somer's Town nach Seymour Place 4, Euston Square, und im Jahre 1857 nach Euston Road 4, Euston

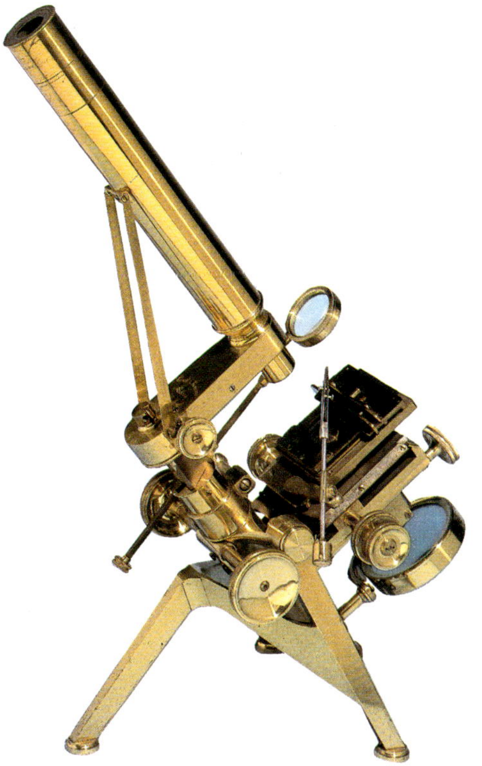

71 Ein vollständig neues Modell eines zusammengesetzten Mikroskops, das im Jahre 1843 auf den Markt kam. Das hier abgebildete Modell ist wie folgt signiert und datiert: »Powell & Lealand, Makers, London 1843«. (MHS, Oxford).

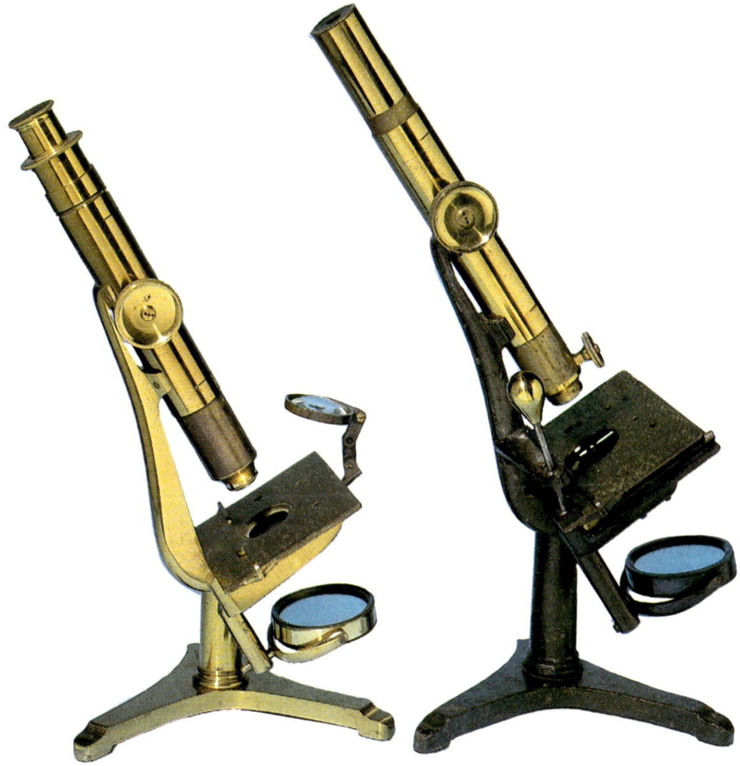

72 Zwei Studenten-Mikroskope gleichen Aufbaus. Jedoch ist das linke vollständig aus Messing gearbeitet, während beim rechten Gerät Fuß und Tubusträger aus Eisen (Eisenmikroskop) bestehen. Das linke ist mit »CARPENTER & WESTLEY, 24, Regent St LONDON« signiert (um 1850) und das rechte mit »Powell & Lealand, London« (um 1848). Letzteres wurde unter der Bezeichnung »Eisenmikroskop« bekannt und viele Jahre lang hergestellt. Das hier gezeigte Exemplar ist mit einem Hebelmechanismus zur Verstellung des Objekttisches versehen, dessen Entwicklung C. Varley zugeschrieben wird. (MHS, Oxford).

Square, gezogen war, etablierte er sich im Jahre 1863 in der Euston Road 170 in London und blieb dort, bis er endgültig geschlossen wurde.
Aus unerklärlichen Gründen verzichteten Powell & Lealand auf eine Teilnahme an der Weltausstellung des Jahres 1851 und überließen es Ross und Smith, die Hauptpreise zu kassieren. Erst im Jahre 1861 wurde ein neues Modell unter der Bezeichnung »The Large Compound Microscope« (»Das große zusammengesetzte Mikroskop«) auf den Markt gebracht. Es ähnelte zwar dem älteren Modell, war jedoch massiver. Außerdem bestanden grundlegende Unterschiede, was den Objekttisch und die Beleuchtungseinrichtung betraf. Am Unterteil des Tubusträgers war ein großer Ring aus Messing angebracht, der den Objekttisch so hielt, daß er sich um 360° drehen ließ. Die Beleuchtungseinrichtung wies Stellschrauben auf. Dieses Instrument wurde unter der Bezeichnung »P. & L. No. 1« bekannt und war in dem Katalog als erstes von sechs Modellen abgebildet. No. 2 hatte fast die gleiche Größe, jedoch einen einfacheren Aufbau sowie keinen Drehtisch. Es folgten das kleinere Mikroskop No. 3, das Reisemikroskop No. 4 und die beiden Studentenmikroskope No. 5 und No. 6. Am No. 1 wurden später die folgenden Modifikationen vorgenommen: Feintrieb für die Höhenverstellung der Beleuchtungseinrichtung

(1882), Zahntrieb für den Auszugtubus (1887) sowie der Parallelogrammtrieb für die Grobeinstellung (1897). In den sechziger Jahren des vorigen Jahrhunderts kostete das Stativ No. 1 allein 35 Guineen und eine komplette Ausrüstung 100 Britische Pfund. Der Preis des neuen starken Objektivs mit der Brennweite 1/50 Zoll (0,5 mm) belief sich auf weitere 50 Guineen.
Über diesen Aristokraten unter den Mikroskopherstellern schrieb der belgische Mikroskopist Henri van Heurck im Jahre 1891 folgendes: »Die Herren Powell und Lealand nehmen in der Welt der Mikroskope eine Sonderstellung ein. Sie stellen in ihrer kleinen Werkstatt nur wenige Instrumente her, jedoch stellt jedes Teilstück eines Apparates, das unter ihrem Namen auf den Markt kommt, ein Kunstwerk dar, das in allen Einzelheiten vollkommen ist. Darüber hinaus besteht sowohl nach ihren Stativen als auch nach ihren Objektiven die allergrößte Nachfrage und sie werden in England von allen ernsthaften Mikroskopisten benutzt.«

Andere Firmen

Die dreißiger Jahre des 19. Jahrhunderts stellen eine Übergangsphase dar, was das Mikroskop betrifft. Es gab da einige Hersteller und Händler, deren Betriebe bereits eine Zeitlang, möglicherweise schon seit dem vorangegangenen Jahrhundert, bestanden, wie das bei Dollond oder W. & S. Jones der Fall war. Andere Unternehmen entstanden erst im ersten Jahrzehnt des vorigen Jahrhunderts, wie z.B. Adie in Edinburgh, Abraham im Bath, Bate, Harris & Co., Schmalcalder, Tulley, Varley, Watkins & Hill. Die meisten von ihnen stellten die verschiedenartigsten Instrumente her, wenn auch Dollond, Tulley und Varley besonders für ihre Fernrohre bekannt waren. So fertigte auch Ross Fernrohre, bevor er die Mikroskopproduktion aufnahm. Peter Carpenter verkaufte viele Mikroskopausrüstungen, die noch erhalten geblieben sind. Er gab im Jahre 1834 einen Katalog mit der Anschrift »Microcosmos«, Regent Street 24, heraus, in dem Brillen, Fernrohre, Mikroskope, Zeichenspiegel, »Phantasmagorische Laternen« (d.h. Projektoren), Barometer, Thermometer, Zeicheninstrumente, Hygrometer, Sanduhren und Globen aufgeführt waren. Der Name dieser Firma änderte sich im Jahre 1837 in »Carpenter & Westley«, aber wir besitzen keine exakten Beweise dafür, daß sie die Geräte auch wirklich selbst herstellten.
Andrew Pritchard war ein Unternehmer, der Mikroskope nach eigenen Plänen baute. Sie wiesen zwar größtenteils noch die alte Form auf, waren jedoch gleichzeitig auch mit einigen Neuerungen versehen. Für seine eigenen Geräte machte Pritchard lebhaft Reklame in seinen Büchern über die Mikroskopie im allgemeinen und über die Infusorien im besonderen.
Professor John Quekett hob in seinem 1848 erschienenen einflußreichen Buch »Practical Treatise on the Microscope« (»Praktische Abhandlung über das Mikroskop«) einige Hersteller hervor, die die besseren Instrumente lieferten. Sie waren dünn gesät, denn es waren lediglich J.B. Dancer aus Manchester, Powell & Lealand, Andrew Ross, Smith & Beck sowie Cornelius Varley aufgeführt.
Eine Sternstunde in der Geschichte der Naturwissenschaften und der Technik war die Weltausstellung des Jahres 1851. Die Idee dazu stammte vom Prinzgemahl und die Organisation hatte die Gesellschaft zur Förderung von Kunst, Handwerk und Handel übernommen. Die Preisrichter, die über die Mikroskope zu befinden hatten, kamen aus allen Teilen Europas sowie aus Amerika und hielten die englischen Instrumente für die besten. Zu denjenigen, die komplett ausgerüstete Geräte ausstellten, gehörten die bereits erwähnten Gewinner der Hauptpreise, Ross und Smith & Beck. Daneben waren noch zehn weitere Firmen vertreten. Von Pritchard wurde gesagt, er sei altmodisch und seine Objektive lieferten kontrastarme Bilder. Pillischers Mikroskope waren groß und unpraktisch. Varley & Son zeigten einen komplizierten Hubtisch, der sich schlecht handhaben ließ. King aus Bristol wurde wegen seiner erstklassigen handwerklichen Arbeit geschätzt und erhielt deswegen eine »Ehrenvolle Erwähnung«. William Ladd stellte ein Mikroskop aus, bei dem die Scharfeinstellung nicht mit einem Zahntrieb, sondern über eine Kette und eine Welle vorgenommen wurde. Der Gang dieses Mechanismus erwies sich als zügig sowie »ohne Zeitverlust« (d.h. ohne toten Gang) und brachte eine »Ehrenvolle Erwähnung« ein. Schließlich waren noch weitere fünf Firmen vertreten, die verschiedene Instrumente bauten und ebenfalls Mikroskope ausstellten, »aber sie sind keiner besonderen Erwähnung wert«. Das galt für Field & Son aus Birmingham, Elliott & Son, Watkins & Hill, Abraham sowie für Griffin.

Im Jahre 1862 fand die nächste Weltausstellung in London statt, und es waren dort achtzehn Mikroskophersteller vertreten. C. Baker und J.H. Dallmeyer bauten die Rossschen Modelle nach. J.B. Dancer hatte sich einen Binokulartubus mit einem symmetrischen Prisma patentieren lassen, fand jedoch keinen Anklang damit. Die Firmen P. Frith & Co. aus Sheffield und S. Highley aus London stellten Studentenmikroskope aus, während Horne & Thornthwaite ein großes Instrument mit neigbarem Objekttisch vorstellten. Ladd zeigte seinen Kettenzugmechanismus für die Scharfeinstellung sowie

73 Ein interessantes Beispiel für ein Mikroskop, das möglicherweise in Manchester hergestellt worden und mit »Abraham & Dancer, MANCHESTER« signiert ist. Die Zusammenarbeit dieser beiden Fabrikanten begann im Jahre 1841 in der Cross Street 13, jedoch lief die Firma seit 1844 unter der alleinigen Leitung von J.B. Dancer weiter. (MHS, Oxford).

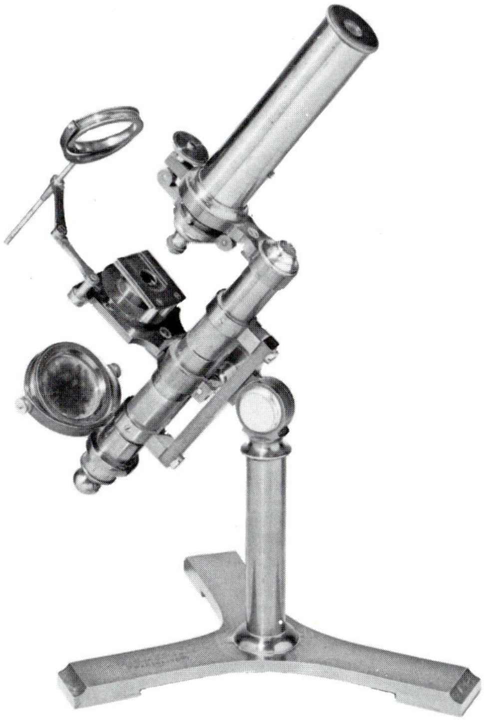

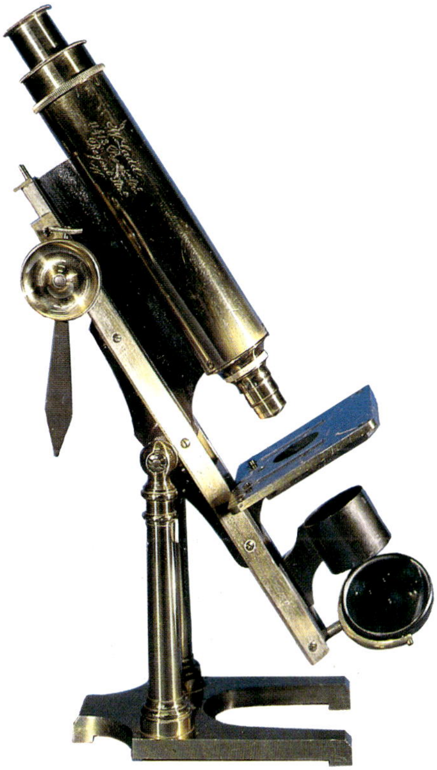

74 Mikroskop für Medizinstudenten, signiert mit »W. Ladd, 11 and 13 Beak Strt, Regent Strt. W«, das aus der Zeit um 1860 stammt. Die Scharfeinstellung erfolgt über einen Kettentrieb. In den Objekttisch sind zwei Stabmagnete eingelassen, die ihm genügend Stabilität und gleichzeitig zügige Beweglichkeit verleihen sollen. (MHS, Oxford).

eine magnetische Platte für den Objekttisch. Die Firma J. Parkes & Son hatte es sich zum Ziel gesetzt, Mikroskope zum niedrigst möglichen Preis herzustellen, und sie boten das billigste für 10 Schillinge und 6 Pennies an. Jedoch gab ihr »Fine-Art«-Mikroskop Anlaß zu der folgenden Bemerkung: »Man gelangt zu der festen Überzeugung, daß das auf dem Rücken eines Delphins oder eines Greifes oder irgendetwas Derartigem montierte Mikroskop sich als ein unpraktisches und nicht empfehlenswertes Monstrum erweist.« Man gratulierte Pillischer für seine unermüdlichen Anstrengungen, die seit der Weltausstellung des Jahres 1851 anhielten, während Powell & Lealand, Thomas Ross sowie Smith, Beck & Beck als diejenigen Firmen angesehen wurden, die den Markt anführten. James Swift wird zum ersten Male genannt. Nachdem er zunächst mit Andrew Ross zusammengearbeitet hatte, gründete er im Jahre 1857 in der University Street 43, rechts von der Tottenham Court Road, seine eigene Firma. Er wurde gegen Ende des Jahrhunderts für seine photographischen Mikroskope bekannt, für die es ein sehr umfangreiches polarisationsoptisches Zubehörprogramm gab. Schließlich blieb noch ein Rest von fünf Firmen übrig, die keine besondere Erwähnung erfuhren. Es waren dies Casartelli aus Manchester, die Gebrüder Chadburn aus Sheffield, die Gebrüder Elliott, W.J. Salmon sowie E.G. Wood.

Wenn wir die Zeit um dreißig Jahre weiterdrehen, dann können wir auf den fachmännischen Rat des belgischen Professors Henri van Heurck über die besten Hersteller von Mikroskopen zurückgreifen, soweit sie sich für wissenschaftliche Arbeiten verwenden lassen. In der vierten Auflage seines Buches »Le Microscope«, die im Jahre 1891 erschien (englische Übersetzung 1893), stellt er von neunzehn Herstellern aus London sechs besonders heraus. Aus anderen Ländern kannte er einschlägige Werkstätten in der folgenden Anzahl: in Deutschland 5, in Frankreich 3, in Österreich 2, in den USA 2 und in Italien eine. R. & J. Beck wurde als »eine der besten Firmen Englands« bezeichnet; Henry Crouch in Barbican 66, London, galt als »ein bekannter Hersteller, den wir bereits in der dritten Auflage lobend erwähnt haben.« Die Bemerkungen, die van Heurck über Powell & Lealand machte, wurden bereits in diesem Kapitel zitiert. Über Ross & Co. wurde gesagt: »Diese von dem gefeierten Andrew Ross gegründete Firma erfreut sich verdienter Wertschätzung.«

Die letzte der englischen Firmen, die näher zu besprechen ist, war ein Neuling. Es handelt sich um Watson & Son aus High Holborn 313, London. Van Heurck schrieb: »Diese Firma befaßt sich erst seit einigen Jahren ernsthaft mit dem Mikroskopbau, machte dabei aber derartig große Fortschritte, daß bis jetzt bereits 3000 Stück hergestellt wurden.« Das Edinburgh-Mikroskop wurde ein berühmtes Gerät für Medizinstudenten und in acht verschiedenen Variationen angeboten. Das Watsonsche »Van Heurck-Mikroskop« bildete jedoch die Krone unter den Bemühungen dieser Firma. Es stand in verschiedenen Ausführungsformen zur Verfügung und erfreute sich unter den englischen Mikroskopisten des 20. Jahrhunderts großer Beliebtheit. Das erste Gerät in dieser Art entstand im Jahre 1891 nach Angaben von van Heurck, und es überrascht natürlich nicht, wenn er schreibt: »Das beste Modell dieser Hersteller, eines, wie wir hinzufügen möchten, der exaktesten und am bequemsten zu handhabenden in der jetzigen Zeit, ist das, welches die Hersteller „Dr. Henri van Heurcks-Mikroskop“ nennen und das für die Untersuchung und für das Photographieren von Diatomeen sowie für sämtliche feinen Forschungsarbeiten vorgesehen ist.« Man konnte unter verschiedenen Grundplatten wählen, nämlich

75 Ein Instrument für spezielle Anforderungen, nämlich ein petrographisches Mikroskop mit der Signatur: »J. SWIFT & SON. 81 TOTTENHAM COURT RD. LONDON«, das um 1900 hergestellt wurde. Die Konstruktion stammt von Allan Dick und ist für die genaue Untersuchung von Mineralien und anderen Objekten mit Hilfe von polarisiertem Licht vorgesehen. Sowohl der Objekttisch als auch der Polarisator sind mit einer Gradeinteilung und mit Nonien versehen, an denen sich noch Intervalle von 5 Minuten ablesen lassen. (MHS, Oxford).

zwischen dem auf dem Festlande üblichen Hufeisenfuß und einem Dreifuß, der dem von Powell & Lealand gebauten ähnelte. Ersterer wurde für die Mikrophotographie vorgezogen, wenn das Mikroskop mit senkrecht gestelltem Tubus zur Anwendung kam. Die Feineinstellung erfolgte mit ungewöhnlicher Genauigkeit über einen langen Hebel. Der Tubuskörper hatte einen sehr großen Durchmesser. Darin steckte ein Auszugtubus, der sich mit einem Zahntrieb verstellen ließ und der selbst noch einen weiteren Auszugtubus enthielt. Die Tubuslänge betrug im zusammengeschobenen Zustand 142 mm und im auseinandergezogenen 320 mm. Somit ließen sich an diesem Gerät einmal solche Objektive benutzen, die für die lange englische Tubuslänge bestimmt waren, zum anderen aber auch die für die kurzen festländischen Tuben berechneten Objektive. Der Preis des Stativs betrug 16 Britische Pfund und war somit niedriger als für vergleichbare Modelle des europäischen Festlandes.

77 Ein von der Society of Arts mit einem Preis ausgezeichnetes Mikroskopmodell für Unterrichtszwecke, mit einem Kondensor auf einem eigenen Stativ, einer Lebenszelle und zwei Satzobjektiven. Die gesamte Ausrüstung ließ sich in einem kleinen Mahagonischränkchen unterbringen. Dieses Gerät erhielt der Gärtner und Amateur-Geologe Thomas Ruddy im Jahre 1881. (MHS, Oxford).

Vor Abschluß dieses kurzen Überblicks über die englischen Hersteller aus Viktorianischer Zeit müssen noch zwei weitere Modelle hervorgehoben werden, nämlich die Preis-Mikroskope der Society of Arts. Die Bedingungen zur Erlangung eines der Preise bestanden darin, ein zusammengesetztes Mikroskop mit zwei Okularen und zwei achromatischen Objektiven herzustellen, dazu eine plankonvexe Beleuchtungslinse auf einem Stativ sowie weiteres Zubehör. Alles sollte sich in einem Mahagonikasten verstauen lassen und durfte nicht mehr als 3 Guineen kosten. Die als Preis ausgesetzte Medaille gewann G. Field aus Birmingham im Jahre 1854. Er war auf Grund der Bestimmungen verpflichtet, das Gerät ständig vorrätig zu halten und jeden Kunden sofort zu beliefern. Äußerlich ähnelte das Instrument dem Stativ von Ross und es war mit einem armförmigen Tubusträger versehen. Der Tubus ließ sich abschrauben und in dem Mahagonikästchen befestigen, das stabil sein mußte und etwa 30 × 30 × 20 cm maß. Diese Konstruktion wurde außerordentlich beliebt und viele andere Firmen stellten ihre eigene Version davon her.

Der andere Preis wurde ebenfalls Field zugesprochen, und zwar für ein einfaches Mikroskop, dessen Säule in einem Sockel auf der Oberseite eines kleinen Mahagonikästchens paßte. Die Säule wies einen Zahntrieb für die Scharfeinstellung auf. Zu den Zubehörteilen gehörten u.a. drei Objektive sowie ein Kondensor. Das ganze kostete nur eine halbe Guinee (10 Schillinge und 6 Pennies). Zwar folgte dieses Instrument dem Vorbild der Ellisschen Wasser- oder Naturforschermikroskope des 18. Jahrhunderts, jedoch gab es niemals mehr so brauchbare Mikroskope zu einem derartig niedrigen Preis.

76 Das hier gezeigte Studenten-Mikroskop »Edinburgh«, Modell H, wurde im Mai 1934 hergestellt und gehört zu den besser ausgerüsteten Geräten dieser Serie, die für Medizin-Studenten bestimmt war. Es ist signiert mit: »W. Watson & Sons, Ltd. 313 High Holborn London«. (MHS, Oxford).

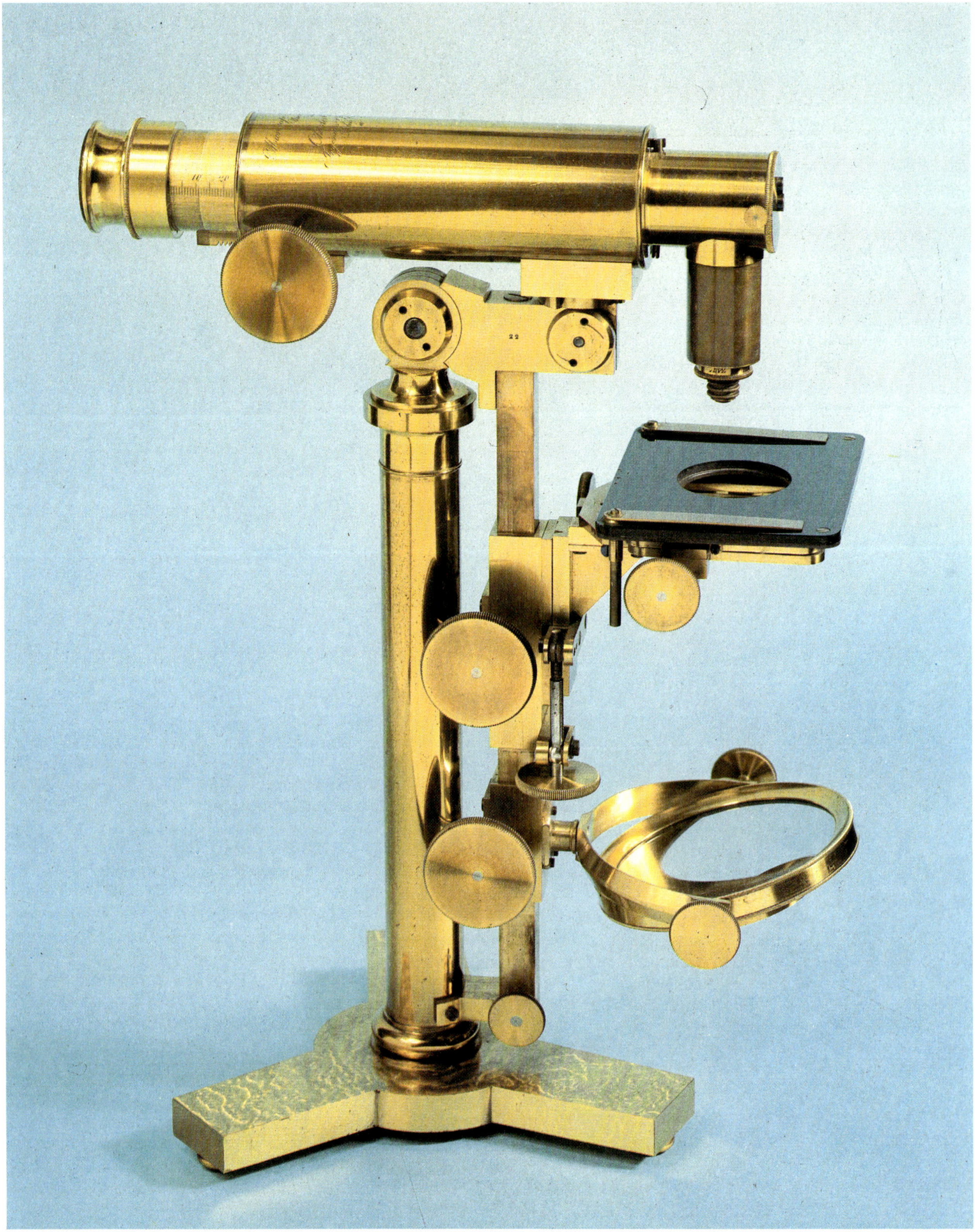

7 Mikroskope des 19. Jahrhunderts vom europäischen Festland

Seit dem Jahr 1758, in dem John Dollond seine Vorstellungen über den Bau eines achromatischen Fernrohrobjektivs entwickelte, bestand der Wunsch, ein ähnliches achromatisches Doublet für das Mikroskopobjektiv zu schaffen. Das Problem war dabei jedoch die geringe Größe der Mikroskopobjektive und die deshalb erforderlichen winzigen Zerstreuungslinsen, die als ein Bestandteil der Kittglieder erforderlich gewesen wären. Im späten 18. Jahrhundert wurden einige Versuche unternommen, um achromatische Mikroskopobjektive herzustellen, aber dabei entstanden meistens ziemlich große Objektive mit Brennweiten von mehr als 25 mm. Einige davon hatten einen Durchmesser von über 1 cm und verdienten somit eigentlich nicht einmal die Bezeichnung »Mikroskopobjektive«. Der in Amsterdam tätige Hersteller optischer Instrumente, Harmanus Deijl, war der erste, der ein achromatisches Mikroskop serienmäßig herstellte. Seine Beschreibung dieses Gerätes erschien im Jahre 1807. Weil er jedoch bereits zwei Jahre später starb, ist es wahrscheinlich, daß dieses Mikroskop nur in geringen Stückzahlen gebaut wurde. Davon sind bis heute nur sechs Exemplare bekannt, von denen sich fünf in holländischen Museen befinden. Dabei wies das Mikroskopstativ keinerlei Besonderheiten auf, es ähnelte vielmehr stark dem »Verbesserten Mikroskop« von Jones und war nur durch einen zusammenlegbaren Dreifuß unterschieden. Die beiden Objektive, die van Deijl in seiner Veröffentlichung beschrieb, wiesen Brennweiten von 26 mm und 19 mm auf. Sie waren aus einer plankonkaven Flintglaslinse und einer bikonvexen Kronglaslinse zusammengesetzt, wobei die plane Seite der ersten Linse zum Objekt wies. Die damit erreichbare Vergrößerung betrug etwas über 100fach und die Auflösung etwa 2 Mikrometer, was sich mit den Leistungen eines einfachen Mikroskops aus der damaligen Zeit vergleichen läßt. Allein das war bereits eine beachtliche Leistung.

Um die gleiche Zeit wurden in Deutschland bedeutsame Entwicklungen vollzogen. Im Jahre 1806 trat Joseph von Fraunhofer in die Firma Utzschneider, Reichenbach & Liebherr ein, die wissenschaftliche Instrumente herstellte. Utzschneider erkannte, daß bei der Entwicklung optischer Instrumente, darunter besonders der Fernrohre, so lange an keinen echten Fortschritt zu denken war, wie die optischen Gläser nicht beträchtlich verbessert würden. Zu dieser Zeit hatte sich das optische Gewerbe in London fest etabliert, wo die besten Fernrohre von Ramsden oder Dollond zu bekommen waren. Allerdings trat dort in der Entwicklung dieser Instrumente ein gewisser Stillstand ein. Dafür waren zwei Gründe maßgebend. Einmal war man mit dem bereits erzielten Marktanteil durchaus zufrieden. Der andere Grund wiegt schwerer, denn es handelte sich dabei um die Glassteuer. Es war dies eine unsinnige Abgabe, die im Jahre 1685 zum ersten Mal erhoben wurde und die bis zum Jahre 1845 bestand. Die einschlägigen Verordnungen waren dermaßen lästig, daß ständig Steuerbeamte in den Glashütten auf dem Posten zu sein hatten und sich in alle Einzelheiten der Fertigung einmischten. Zur Herstellung von homogenen, blasenfreien Glasblöcken stellte Utzschneider im Jahre 1805 den aus der Schweiz stammenden Glasmacher Pierre Guinand ein. Dieser übertraf zusammen mit Fraunhofer die Londoner Kollegen

78 Dies ist ein schönes Beispiel vorzüglicher französischer handwerklicher Arbeit au[s] den vierziger Jahren des 19. Jahrhunderts. Der Tubus ist horizontal gelagert und di[e] Objektive lassen sich nach oben oder unten richten. Es ist signiert mit: »Microscope Achro[-] matique de Charles Chevalier Ingénieur Opticien Breveté Palais Royal 163 à Paris« (MHS, Oxford).

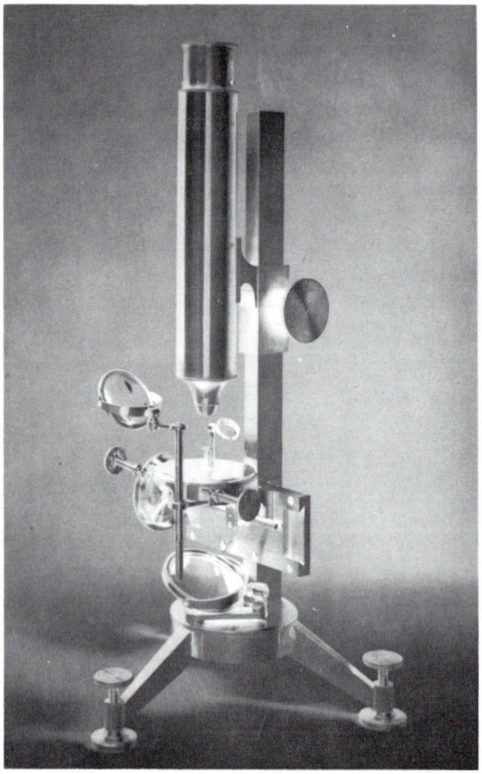

79 Ein ausgezeichnet gearbeitetes Mikroskop mit einem achromatischen Objektiv aus der Zeit zwischen 1809 und 1814. Seine Signatur lautet: »Utzschneider, Reichenbach und Fraunhofer in Benedictbeurn«. Das hier abgebildete Mikroskop ist eines der ersten, das Joseph von Fraunhofer (1787–1826) entwickelt hatte, und es war seiner Zeit weit voraus. (Deutsches Museum, München).

80 Katadioptrisches Mikroskop (Spiegelmikroskop) von Giovan Battista Amici (1786–1868). Es kommt zu keiner chromatischen Aberration, weil ein Hohlspiegel als Objektiv dient. Merkwürdigerweise besteht das Okular nur aus einer plankonkaven Linse. Dieser Mikroskoptyp wurde zum ersten Male in der Mitte der zwanziger Jahre des 19. Jhs. hergestellt. (MHS, Oxford).

81 Katadioptrisches Mikroskop (Spiegelmikroskop) mit der Signatur: »John Cuthbert, London«. Das zu diesem Instrument gehörende Behältnis ist mit der Seriennummer 37 und der Jahreszahl 1833 versehen. Cuthbert baute derartige Geräte seit 1826. (MHS, Oxford).

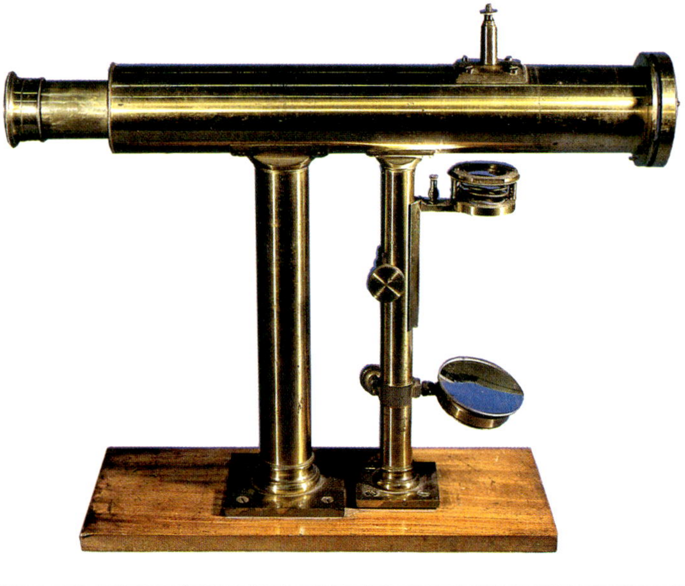

binnen kurzer Zeit. Fraunhofer war seit 1809 Leiter der optischen Werkstatt und von 1811 an Direktor der Glasherstellung sowie Teilhaber der Firma.
Der Erfolg stellte sich sogleich mit der Konstruktion und der Fertigung großer Objektivlinsen für Fernrohre ein. Das berühmteste davon war das 9-Zoll-Objektiv für einen Refraktor, der von dem Astronomen Wilhelm Struve in Dorpat (Estland) benutzt wurde. Daneben stellte man aber auch Mikroskope her, und ein aus dem Jahre 1812 stammendes Exemplar ist den englischen Instrumenten der gleichen Zeit wenigstens um eine Generation voraus. Die frühen Fraunhoferschen Mikroskope zeichnen sich durch einen hervorragenden mechanischen Aufbau aus. Von dem stabilen, mit Stellschrauben versehenen Dreifuß erhebt sich eine Säule mit quadratischem Querschnitt, auf der sich die Halterung für den Tubus verstellen läßt. Die Scharfeinstellung erfolgt durch einen auf der Rückseite der Säule angebrachten Zahntrieb. Das Instrument wurde zusammen mit sechs achromatischen Objektiven geliefert und stellt eine technische Meisterleistung dar. Allerdings handelt es sich bei den achromatischen Objektiven lediglich um Doublets, und man versuchte damals noch nicht, die Linsen in irgendeiner weiteren Folge anzuordnen. Der Bau optischer Systeme ließ eben noch einige Jahre auf sich warten. Natürlich waren die Fraunhoferschen Mikroskope nur für den Gebrauch durch Spezialisten bestimmt und dementsprechend teuer. Fraunhofer arbeitete nicht für den zu dieser Zeit gut eingeführten Markt, der Instrumente vertrieb, die lediglich für die Unterhaltung bestimmt waren.

In den zwanziger Jahren des vorigen Jahrhunderts stellten etliche Wissenschaftler in verschiedenen Ländern Europas Versuche an, um die Mikroskopoptik zu verbessern. Einer dieser Versuche geht auf den italienischen Professor Giovan Battista Amici zurück. Er wollte die chromatische Aberration ausschalten und benutzte deshalb Hohlspiegel anstelle von Linsen-Objektiven. Nachdem Amici sein mit einem waagrecht angeordneten Tubus versehenes Spiegelmikroskop einigen Wissenschaftlern in Paris gezeigt hatte, wurden verschiedene in Paris und London ansässige Hersteller angeregt, selbst ähnliche Instrumente zu bauen. In London war es der Fernrohrbauer John Cuthbert, der im Jahre 1826 einige dieser neuen Geräte herstellte, von denen manche gelegentlich auch heute noch zu entdecken sind. Der französische Optiker Chevalier begann ebenfalls, Spiegelmikroskope zu produzieren. Allerdings hatte der holländische Instrumentenbauer Syds Johannesz Rienks aus Friesland bereits ein 1822 datiertes Spiegelmikroskop gebaut, noch bevor Amici sein Instrument demonstrierte. Der Aufbau dieser Geräte glich ziemlich genau dem eines Gregorianischen Teleskops, wobei der Objektivspiegel einen Durchmesser von 102 mm aufwies. Er sammelte das vom Objekt kommende Licht und reflektierte es auf einen kleinen, zweiten Spiegel, der in seiner Mitte eine Öffnung aufwies, damit das vom Präparat kommende %icht hindurchtreten konnte. Dieses passierte anschließend eine im Objektivspiegel befindliche Öffnung, um endlich in ein gewöhnliches Okular zu gelangen. Messungen, die man an den Rienksschen Geräten anstellte, ergaben eine

82 Präpariermikroskop mit der Signatur: »Carl Zeiss, Jena. 30127« und der Inschrift: »AGENT, C. BAKER 244 HIGH HOLBORN LONDON«. Der typische Zeiss'sche Hufeisenfuß sowie der Objekttisch bestehen aus lackiertem Messing, die beiden Handauflagen aus Mahagoniholz und die Säule aus vernickeltem Messing. Dieses Gerät wurde in dem Zeiss-Katalog des Jahres 1885 als »Präparierstativ I nach Paul Mayer« angeboten. Es kostete ohne Objektive 100 Mark. (MHS, Oxford).

84 Eines der großen Mikroskope von der Firma Nachet in Paris aus den neunziger Jahren des vorigen Jahrhunderts. Es ist signiert mit: »NACHET 17, rue S. Séverin, Paris«. Zu den Zubehörteilen gehören drei Okulare, sieben Objektive, eine Ölimmersion sowie je ein Kondensor und ein Okular für die Polarisationsmikroskopie. (MHS, Oxford).

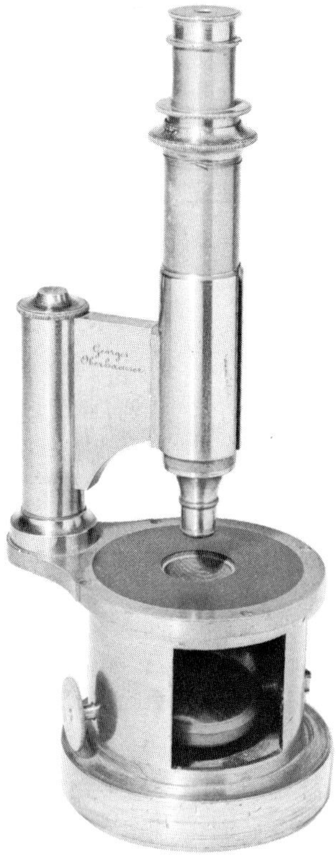

83 Ein Beispiel für ein Trommelmikroskop, das um 1840 in Paris hergestellt wurde und mit der folgenden Signatur versehen ist: »Georges Oberhaeuser, Place Dauphine, Paris«. (MHS, Oxford).

Auflösung von etwa 1,7 m und eine numerische Apertur von 0,3. Solche Mikroskope sind außerordentlich selten und nur aus holländischen Museen bekannt.

In Paris hatte die Firma Chevalier im 19. Jahrhundert aufgrund der guten Mikroskope, die sie herstellte, ein weit verbreitetes Ansehen gewonnen. Der Betrieb war bereits im 18. Jahrhundert gegründet und zu Beginn des 19. Jahrhunderts von Vincent Jacques Louis Chevalier fortgeführt worden. Als dieser 1841 starb, wurde sein Sohn Charles und nach dessen Tod im Jahre 1859 dessen Sohn Arthur Firmenleiter. Im Jahre 1820 begann Charles Chevalier mit dem Bau stärkerer Objektive, indem er einige kleinere Linsen miteinander kombinierte, von denen jede einzelne für sich achromatisiert war. Zu den im frühen 19. Jahrhundert in Paris tätigen Mikroskopbauern gehörte auch Georges Oberhäuser. Er brachte im Jahre 1835 eine Version des bereits bekannten Trommelmikroskops heraus. In dieser Form stellten die französischen Mikroskopbauer das ganze Jahrhundert über einfachere und billigere Mikroskope her. In den fünfziger Jahren des gleichen Jahrhunderts wurde die Firma Oberhäuser von seinem Neffen E. Hartnack übernommen, der jedoch wegen des Deutsch-Französischen Krieges im Jahre 1870 in seine Vaterstadt Potsdam übersiedeln mußte. Allerdings blieb er in Paris vertreten und seine Firma bestand weiter unter dem Namen »Hartnack et Parzmowski«. Letzterer war von Haus aus Naturwissenschaftler und hatte zuvor das Observatorium in Warschau geleitet. Um 1900 ging diese Firma in der Nachet-Gruppe auf.

Camille Sébastien Nachet (1799–1881) arbeitete zu Beginn seiner beruflichen Laufbahn für Charles Chevalier, für den er die Objektive herstellte. Im Jahre 1839 machte er sich schließlich selbständig. Er faßte schnell Fuß, eröffnete seine Werkstatt in der Rue Serpente 16 und wurde zusammen mit Chevalier und Oberhäuser zu den drei führenden Mikroskopbauern von Paris gerechnet. Sowohl Chevalier als auch Nachet nahmen an der Weltausstellung des Jahres 1851 in London teil. Dort zeigte Nachet ein großes Mikroskop sowie ein neu konstruiertes Modell zur Untersuchung chemischer Reaktionen. Dieses chemische Mikroskop war für Professor John Lawrence Smith von der Universität Virginia in den USA entwickelt worden. Bei dem Gerät war das Objektiv unter dem Objekttisch angeordnet, während das Licht über ein Prisma in den geneigten Tubus ge-

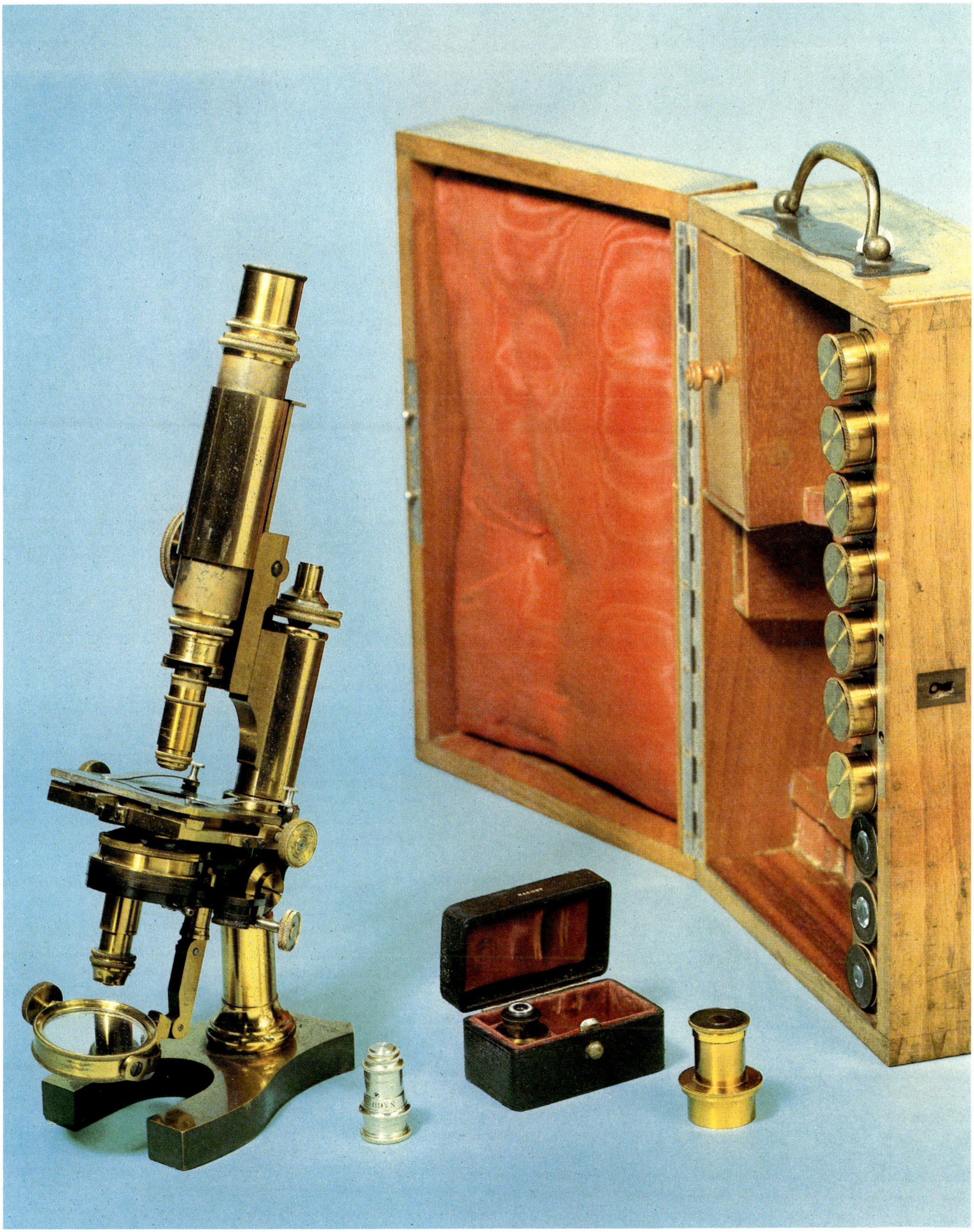

85 Zwei Trommelmikroskope aus der Mitte des 19. Jahrhunderts. Das linke trägt die Signatur: »Maison de L'Ing, Chevallier, Opt. Place du Pont Neuf, 15, Paris« und das rechte »NACHET Opticien Rue Serpente, 16, Paris«. Bei beiden Instrumenten wurde die grobe Scharfeinstellung durch Verschieben des Tubus und die Feineinstellung durch Neigen des Tisches vorgenommen. Der Hersteller des ersten Instrumentes wird manchmal mit Vincent oder Charles Chevalier am Quai d'Horloge verwechselt. Das »Maison de l'ingénieur Chevallier« wurde im Jahre 1796 von Jean-Gabriel-Augustin Chevallier gegründet und bestand auch nach seinem Tode noch viele Jahre lang. (MHS, Oxford).

86 Das umgekehrte, chemische Mikroskop stand bei Nachet mehr als 60 Jahre lang im Herstellungsprogramm. Seine Signatur lautet: »NACHET Opticien Rue Serpente, 16, Paris«. Die grobe Scharfeinstellung erfolgt durch Verschieben des Objektivs und die Feineinstellung durch Drehen eines Rändelringes. Der Bauplan zu diesem Gerät stammt von Professor J.L. Smith aus Virginia und wurde im Jahre 1850 veröffentlicht. Das Instrument muß aus der Zeit vor 1863 stammen. In diesem Jahr bezog Nachet neue Geschäftsräume. (MHS, Oxford).

87 ▶ Das hier abgebildete Gerät ist ein Beispiel eines der ersten Versuche, ein Kleinmikroskop herzustellen, das in die Tasche gesteckt werden konnte und das mit guten optischen Bauteilen ausgerüstet ist. Die Ausmaße der aus Messing bestehenden Grundplatte betragen 90 × 52 × 32 mm. Deren Deckplatte wird zum Verpacken des Instruments umgedreht. Es weist zwar keine Signatur auf, stammt aber höchstwahrscheinlich von Nachet in Paris, da es von 1856 bis 1872 in den Katalogen dieser Firma mit aufgeführt ist. (MHS, Oxford).

langte. Dieses Modell hatte ohne Veränderungen bis zum Ersten Weltkrieg Bestand und kostete 350 französische Francs.

Daneben wurde noch ein Präparationsmikroskop und ein kleines, gewöhnliches Mikroskop ausgestellt. Die Preisrichter, die über die Qualität der auf der Ausstellung gezeigten Instrumente zu befinden hatten, gaben über Nachet die folgende Erklärung ab: »Wenn auch die Objekt-Gläser nicht die Güte derer von Ross oder Smith & Beck erreichen, so sind sie doch unter allen ausländischen Erzeugnissen die weitaus besten. Sie reichen von einer Brennweite von 1 Zoll (25,4 mm) bis zu einer solchen von 1/18 Zoll (1,4 mm). Bei allen von ihnen ist die sphärische Aberration nicht behoben; und wenn auch die von Ross erfundene Methode der Aufteilung der Lichtbrechung auf mehrere Linsen angewendet wurde, ist das System doch so gestaltet, daß es bei überhaupt keiner Tubuslänge korrekt ist. Die handwerkliche Verarbeitung des Stativs ist sehr gut; und es werden zwei gut durchdachte Mikroskope ausgestellt.«

Trotz ihres Urteils über die Leistungsfähigkeit der Objektive waren die Preisrichter von der sonstigen Qualität der ausgestellten Mikroskope beeindruckt und sie verliehen Nachet deswegen eine Preis-Medaille, während Chevalier mit einer »Ehrenvollen Erwähnung« zufrieden sein mußte.

Obwohl man das binokulare Mikroskop bereits im späten 17. Jahrhundert entwickelt und auch gebaut hatte, wurde es bis in die Mitte des 19. Jahrhunderts nicht weiter beachtet. Erst zu diesem Zeitpunkt erschien ein neues binokulares Mikroskop, bei dem nur ein Objektiv Verwendung fand, so daß auch stärkere Vergrößerungen zu realisieren waren. Dieses Instrument hatte Professor J.L. Riddel von der Universität New Orleans in den USA erfunden. Sobald Nachet von dieser neuen Entwicklung erfuhr, dachte er sich eine eigene Methode aus, um die aus dem Objektiv kommenden Strahlen aufzuteilen. Dafür wurde ihm am 25. Oktober 1853 das Patent erteilt. Es handelte sich dabei um die erste wirklich brauchbare Version eines binokularen Mikroskops, wenn es auch noch einige Nachteile aufwies. Das galt besonders für die beiden starren, parallel verlaufenden Tuben, die keine Einstellung auf den jeweils erforderlichen Augenabstand zuließen. Außerdem war es nicht möglich, die optischen Achsen der Augen so zueinander zu neigen, wie das beim Betrachten des Nahpunktes üblich ist. Schließlich störte, daß man das Gerät nicht ohne weiteres für die monokulare Beobachtung umbauen konnte. Man hätte dazu das ganze Instrument auseinandernehmen und mit einem anderen Tubus versehen müssen. Alle diese Nachteile wurden bei dem von Francis Wenham in London gebauten Mikroskop vermieden. Die letzte Entwicklungsstufe davon war im Jahre 1861 fertig und wurde von Ross und allen anderen englischen Herstellern nachgebaut. Schließlich produzierte Nachet noch ein weiteres binokulares Mikroskop und lieferte darüber hinaus verschiedene Kuriositäten, wie Mikroskope mit drei, vier oder fünf Tuben, so daß drei, vier oder fünf Personen dasselbe Präparat gleichzeitig untersuchen konnten.

Soweit sie aus der Mitte des vorigen Jahrhunderts stammen, schienen die deutschen Mikroskope ihre Anfangserfolge nicht fortsetzen zu können. Auf der

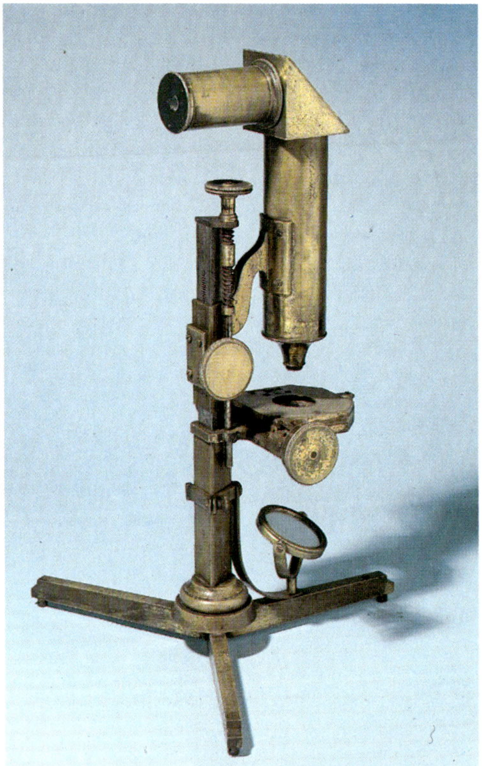

88 Frühes Beispiel für ein Mikroskop mit einem Prisma, das vor dem Okular angeordnet ist. Die Signatur auf diesem Gerät lautet: »Plössl in Wien«. Simon Plössl (1794 bis 1868) war ein berühmter Instrumentenbauer in Wien. Das hier abgebildete Gerät stammt vermutlich aus der Zeit zwischen 1840 und 1850. (MHS, Oxford).

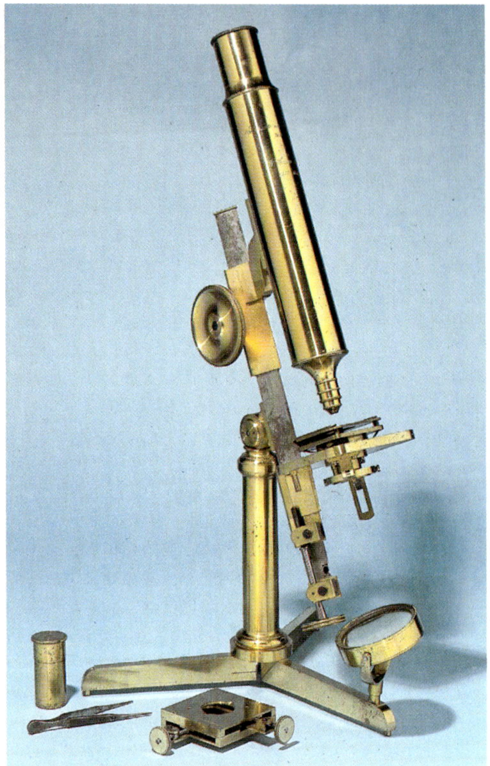

89 In Berlin begann man in der ersten Hälfte des 19. Jahrhunderts mit dem Bau optischer Instrumente. Das hier vorgestellte Mikroskop weist einige aus früheren Zeiten stammende Merkmale sowie einige Ähnlichkeiten mit Plösslschen Geräten auf. Es ist signiert mit: »Schiek in Berlin N°. 194.« Außerdem ist darauf der Name des Besitzers verzeichnet– »W. Crum F.R.S. 1796–1867«. (MHS, Oxford).

Weltausstellung des Jahres 1851 war nur ein einziger Hersteller vertreten, Merz aus Bayern. Man sagte von seinen Mikroskopen, daß die mechanischen Teile ordentlich gearbeitet wären, daß jedoch die Objekt-Gläser nur geringe Aperturen aufwiesen und daß die sphärische Aberration nicht behoben war. In der zweiten Auflage seiner »Treatise on the Microscope«, die 1852 erschien, ließ John Quekett auch einige Bemerkungen über Mikroskope fallen, die vom europäischen Festland stammen. Er beschrieb das Aussehen einiger Instrumente, die, wie er sagte, »von einigen der angesehensten ausländischen Optiker« hergestellt worden waren. Darunter hob er die folgenden besonders hervor: Simon Plössl aus Wien, Schiek und Pistor, beide aus Berlin, Chevalier, Oberhäuser und Nachet aus Paris. Die Instrumente von Schiek und Pistor glichen einander und zeigten einige Merkmale des 35 Jahre älteren Fraunhoferschen Mikroskops. Quekett bildete das ziemlich plumpe Trommelmikroskop von Oberhäuser ab, bei dem der Spiegel teilweise von der Trommel verdeckt war. Damit waren eine richtige Spiegeleinstellung sowie die Anbringung eines Kondensors fast unmöglich gemacht. Zur gleichen Zeit stellte Nachet ebenfalls ein Trommelmikroskop her, erhöhte jedoch durch Anbringung eines Kondensors seinen Gebrauchswert. Bei allen Geräten – außer den von Schiek hergestellten – waren die Tuben in der senkrechten Stellung fixiert, weswegen man beim Mikroskopieren leichter ermüdete, be-

90 Zwei unsignierte italienische Mikroskope, die möglicherweise um 1850 in der Werkstatt von Amici in Florenz hergestellt worden sind. Das linke wurde in den achtziger Jahren des vorigen Jahrhunderts von der Universität Bologna bezogen, während von dem rechten behauptet wird, daß es ein Engländer von Amici gekauft habe. (MHS, Oxford).

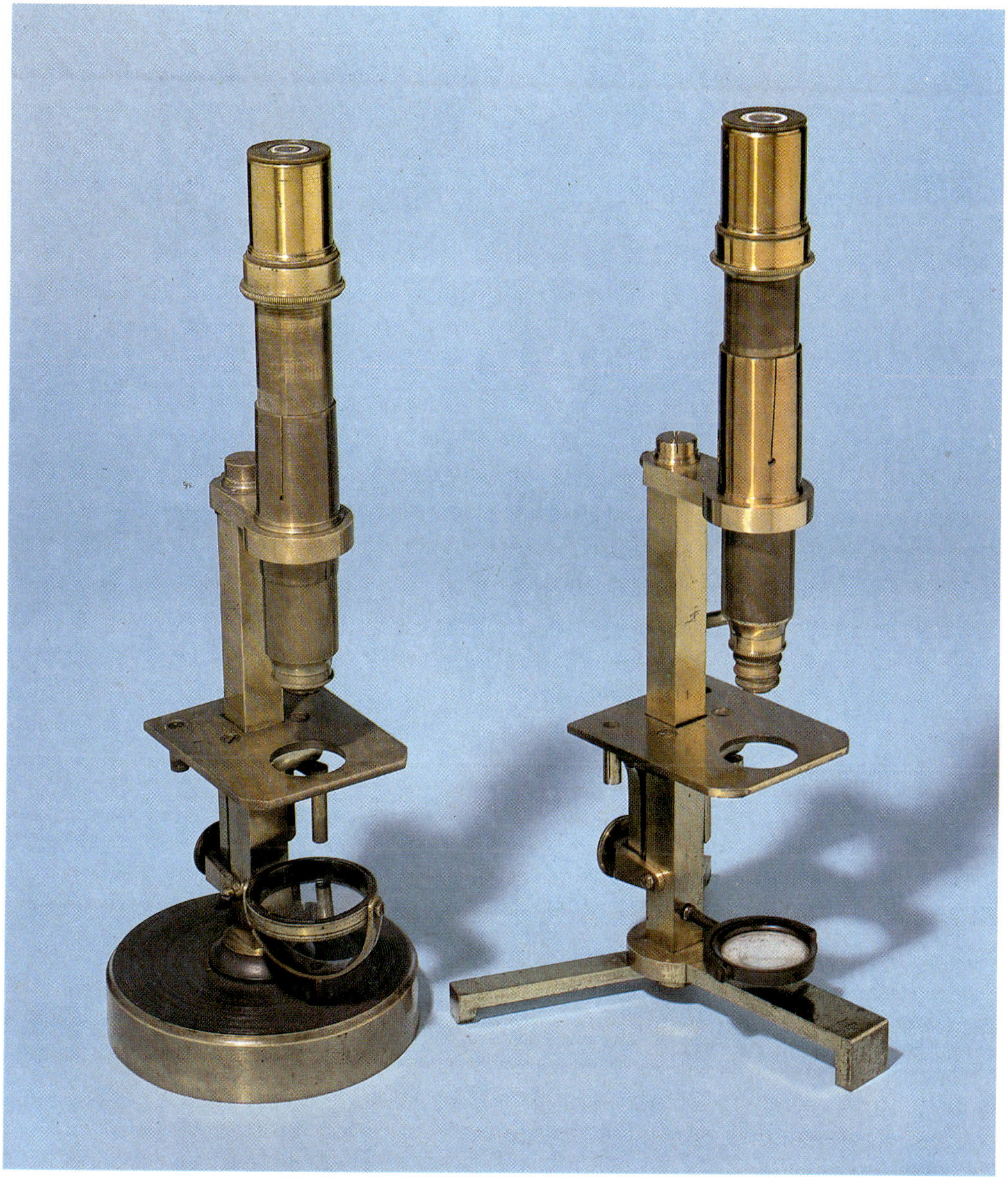

91 Ein massives zusammengesetztes Mikroskop aus der Mitte des 19. Jahrhunderts mit der Signatur: »Léon Jaubert Paris«. Außerdem ist darauf die Inschrift angebracht: »Modèle créé pour l'Institut populaire«. (MHS, Oxford).

sonders wenn sich die Arbeiten über einen größeren Zeitraum erstreckten. In dieser Beziehung waren die englischen Instrumente besser zu gebrauchen, weil man deren Tubus in jedem gewünschten Ausmaß neigen konnte.

In den Berichten über die Weltausstellung des Jahres 1862, die in London abgehalten wurde, werden auch Aussteller vom europäischen Festland erwähnt. Es waren dies allerdings ziemlich wenige, nämlich: E.F. Hartnack, Paris, A. Mirand, Snr, Paris; J.G. Hofmann, Paris; Nachet et Fils, Paris; F. A. Norbert, Berlin, sowie H. Schröder aus Hamburg. Hartnack gewann eine Medaille für die allgemeine Qualität seiner Mikroskope, von denen es hieß: »Sie gleichen im wesentlichen dem Oberhäuserschen Modell, bei dem der Mikroskopkörper auf einer hohlen, zylinderförmigen Basis steht, deren Oberseite als Objekttisch fungiert.« Zu dieser Zeit hielt man die Hartnackschen Objektive ohne jede Frage für die besten unter all denen, die aus der nicht-englischen Fertigung stammten. Zwar wies das Hartnacksche Objektiv mit der Brennweite 1 mm die gleiche Maßstabszahl auf wie das 1/25-Zoll-Objektiv der Firma Powell & Lealand, jedoch war das Auflösungsvermögen bei dem letzteren besser. Allerdings wurde festgestellt, daß Hartnack außerdem noch Objektive lieferte, deren Frontlinsen mit dem Deckglas durch einen Wassertropfen zu verbinden waren. Dieses Immersionsprinzip war in England bislang noch nicht angewendet worden. Das Preisgericht meinte, daß dieses Verfahren durchaus seine Vorteile haben mochte, die nur nicht sofort ersichtlich seien, und daß diese Objektive mehr Aufmerksamkeit verdienten, als ihnen in der Vergangenheit zuteil wurde. Die Firma Nachet erhielt außerdem eine Medaille für die allgemeine Qualität ihrer binokularen und sonstigen Mikroskope. Norbert wurde eine Medaille verliehen »für das große Geschick, das er bei der Anfertigung der mikroskopischen Testgitter zeigte«. Diese stellten eine Art Mikrometerteilung dar, die mit einer Diamantspitze in Glas geritzt wurde. Dabei waren die Linien so fein gezogen, daß sie in der Mitte des 19. Jahrhunderts zu einem beliebten Testobjekt zur Prüfung des Auflösungsvermögens von Mikroskopobjektiven wurden. Von dem Mikroskop, das Norbert mit ausgestellt hatte, hielt die Jury dagegen nicht besonders viel.

Interessant ist, was der belgische Mikroskopist Henri van Heurck über die verschiedenen Mikroskophersteller Europas zu sagen hatte, zumal sein eigenes Mikroskop in seinem Heimatland nicht im Handel war. In der 1865 erschienenen ersten Auflage seines Buches »Le Microscope« schrieb er: »In England werden von Ross, Smith & Beck, Powell & Lealand aus London sowie von Dancer in Manchester hervorragende Mikroskope hergestellt. Jedoch sind diese Instrumente enorm teuer und viel zu kompliziert. In Deutschland werden von Zeiss, Merz, Bénèche usw. sehr gute Mikroskope hergestellt. In Paris kann man genauso gute Mikroskope wie in England kaufen. Die drei besten Hersteller in Paris sind: Hartnack, Arthur Chevalier und Nachet.« In der vierten Auflage seines Buches schrieb van Heurck: »In Deutschland, England, Österreich, den USA, Frankreich und Italien gibt es ausgezeichnete Hersteller; wir werden jetzt die wichtigsten Firmen in diesen verschiedenen Ländern kurz betrachten und diejenigen Modelle beschreiben, die für ernsthaftes wissenschaftliches Arbeiten am geeignetsten erscheinen.« Daran schließt sich ein Verzeichnis der Namen und Anschriften von Mikroskopherstellern an, die in van Heurcks Augen Gnade gefunden hatten. Eine derartige Liste ist auch für den Sammler wichtig, da sie die bedeutendsten Unternehmen enthält, die gegen Ende des 19. Jahrhunderts bestanden. Das war eine Zeit, in der eine außerordentlich große Anzahl von Mikroskopen aller Arten und Größen angefertigt wurde. Die englischen Hersteller, die van Heurck aufführte, sind bereits in Kapitel 7 erwähnt worden. Zu den außerenglischen Firmen, die sich in der besagten Liste befinden, gehören die folgenden:

92 In Europa stößt man nur selten auf amerikanische Mikroskope. Das hier abgebildete Instrument ist signiert mit: »TOLLES BOSTON«. Fuß und Tubusträger bestehen aus schwarz emailliertem Eisen. Robert B. Tolles (1825–1883) stand von 1867 bis 1883 in den Diensten der Bostoner Optischen Werke. (MHS, Oxford)

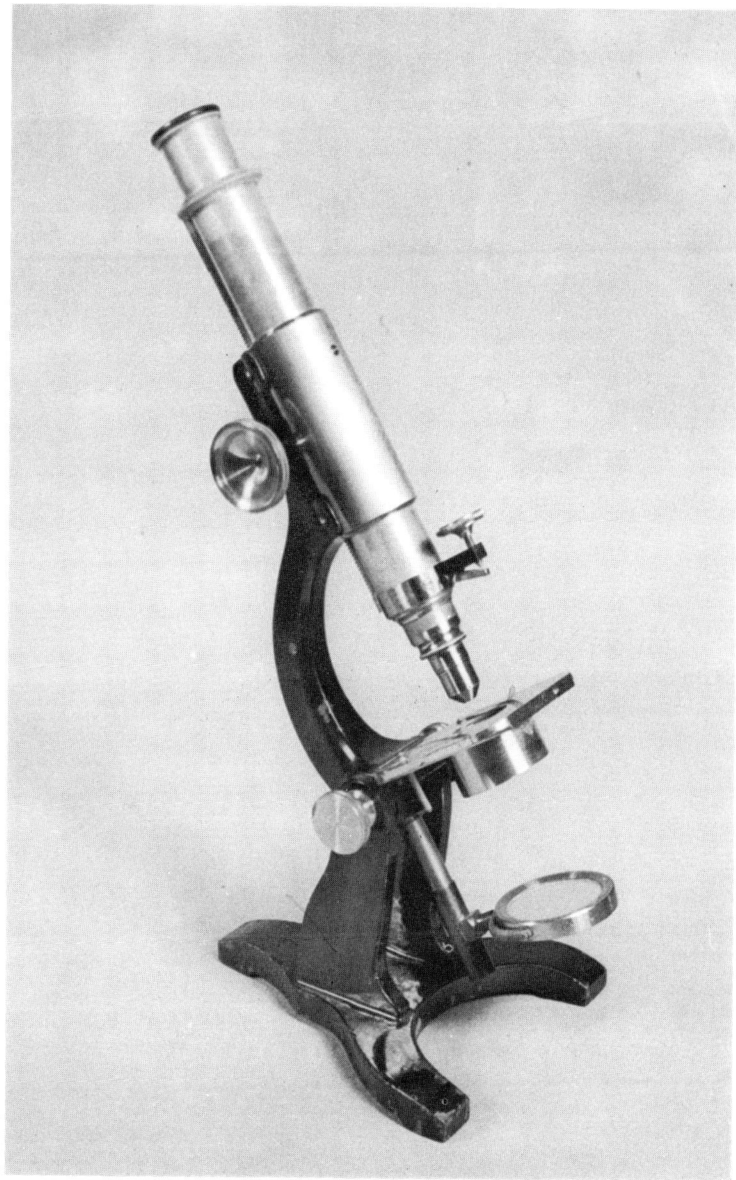

93 Leitz-Stativ IIa mit abnehmbarem Objektführer und der Signatur: »E. LEITZ WETZLAR«. Das ist ein typisches deutsches Mikroskop aus der Zeit um 1900. (MHS, Oxford).

94 Englisches, nach deutschem Vorbild gebautes Mikroskop aus dem Jahre 1907. Es ist signiert mit: »R. & J. BECK LTD. LONDON 27113«. Es ist dies eines der »Londoner Mikroskope« der Firma Beck, die im Jahre 1900 auf den Markt kamen. (MHS, Oxford).

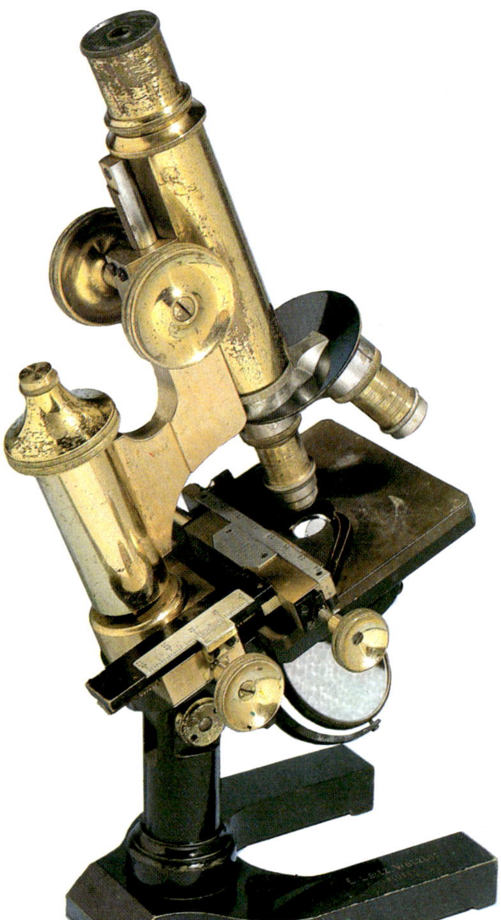

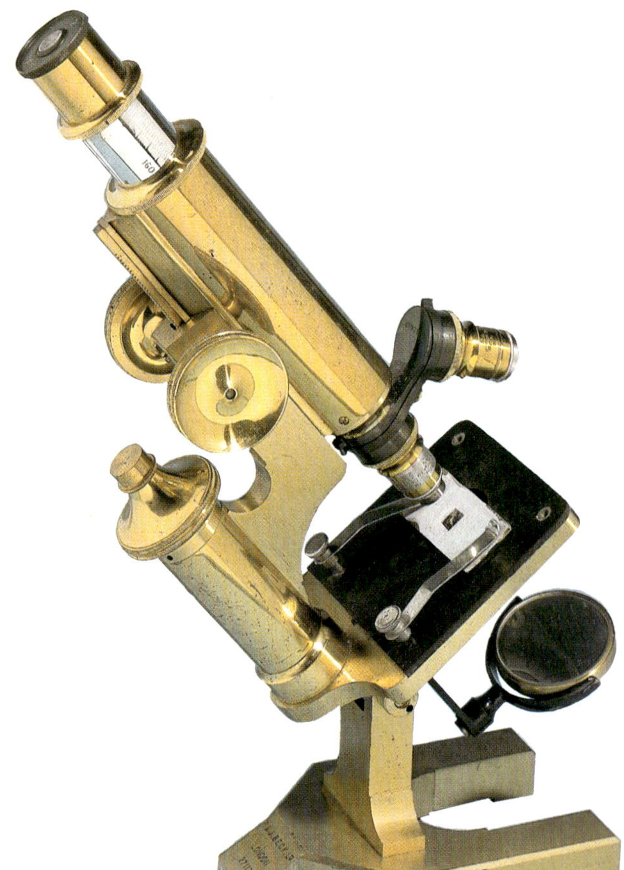

Bausch & Lomb Optical Co., North St. Paul St., Rochester, N.Y. (die führende Firma in den USA);
L. Bénèche, Großbeerenstraße 55, Berlin (einer der ältesten Hersteller in Deutschland);
Bézu, Hauser & Co., Rue Bonaparte, Paris (früher Vorarbeiter bei Hartnack & Prazmowski);
Arthur Chevalier, Palais Royal, Paris (Chevalier war inzwischen verstorben. Die Firma bemühte sich zwar um ein Fortbestehen, jedoch mit wenig Erfolg);
Gebrüder Fromme, Hainburger Straße 21, Wien (sie stellen ein kleines, sinnreich konstruiertes Mikroskop zum Preis von einem Britischen Pfund her);
E. Hartnack, Potsdam bei Berlin (er wird als einer der besten Hersteller der heutigen Zeit angesehen);
F. Koristka, 47 Via S. Vittore Grande, Mailand (ein neuer Hersteller, der seinen Betrieb im Jahre 1880 eröffnete und in Italien einen guten Ruf genießt);
E. Leitz, Wetzlar, Preußen (er übernahm die Werkstätte von Kellner);
Nachet, 17 Rue St. Séverin, Paris (der älteste Hersteller in Frankreich; er nimmt unter den Mikroskopbauern auf dem europäischen Festland die Spitzenstellung ein);
Carl Reichert, Bennogasse 26, Wien (er war früher ein Schüler von Hartnack und gründete seinen Betrieb in den achtziger Jahren);
W. & H. Seibert, Wetzlar, Preußen (sie stellen ausgezeichnete Mikroskope her);
H.R. Spencer, 515 Rhode Island Street, Buffalo, N.Y. (die Firma wurde im Jahre 1848 gegründet und ist für die ausgezeichnete Qualität ihrer Objektive bekannt);
Carl Zeiss, Carl Zeiss Straße, Jena (diese Firma wurde von dem inzwischen verstorbenen Carl Zeiss gegründet und ist gegenwärtig die bedeutendste in der Welt.

Dieser überschwengliche Lobspruch auf die Zeiss-Werke (gegründet im Jahre 1846) war das Resultat einer außerordentlich erfolgreichen Zusammenarbeit zwischen Carl Zeiss, Professor Ernst Abbe (der nach dem Tode von Carl Zeiss geschäftsführender Direktor der Firma wurde) und Otto Schott, dem Hersteller des optischen Glases (letzterer begann mit seinen diesbezüglichen Versuchen im Jahre 1882). Diese zwei hervorragenden Technologen machten im Verein mit dem begnadeten Wissenschaftler der Jenaer Universität die Stadt Jena zu dem Zentrum der optischen Industrie – besonders, was die Mikroskope betraf. Das blieb so vom späten 19. Jahrhundert an bis in die Zeit des Zweiten Weltkrieges. Heute bestehen zwei voneinander vollständig getrennte Werke mit den Namen Carl Zeiss, eines in West-Deutschland und eines in Ost-Deutschland (letzteres in der Bundesrepublik Deutschland unter dem Namen »Jenoptik« bekannt).

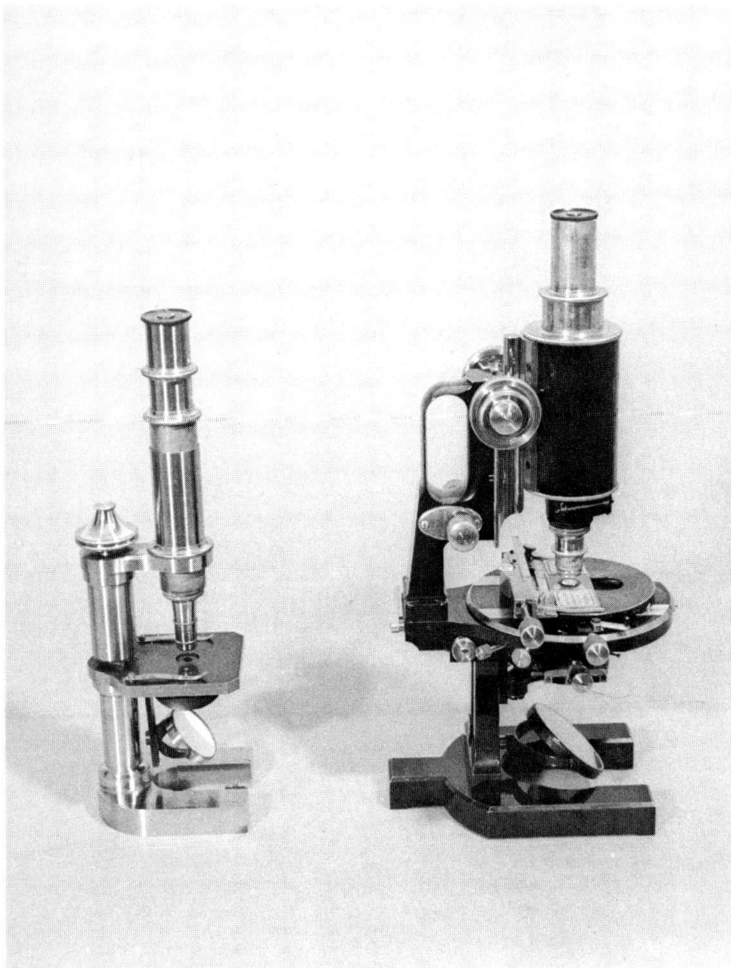

95 Zwei Zeiss-Mikroskope. Links das Stativ VII, das im Jahre 1885 für 60 Mark angeboten wurde und für den Laborgebrauch bestimmt war. Rechts ein mit einem Handgriff versehenes Stativ, einem Merkmal, das nach 1900 bei verschiedenen Herstellern in Mode kam. Das Stativ ist mit einer neuartigen Vorrichtung zur Feineinstellung ausgerüstet. Sie stammt von Max Berger, einem Mitarbeiter der Firma Zeiss, und wurde 1898 veröffentlicht. (MHS, Oxford).

96 Aus Silber hergestellte optische Ausrüstung, bestehend aus einem »Universellen« zusammengesetzten Mikroskop, einem Sonnenmikroskop, sowie einem mit grünem Fischleder überzogenen Kästchen für das Zubehör. Beide Mikroskope sind mit der folgenden Signatur versehen: »Fra. Watkins Charing Cross London« und das Silber, aus denen sie bestehen, weist den offiziellen Feingehaltsstempel auf. Die optische Ausrüstung wurde in einem Kästchen aus Mahagoniholz aufbewahrt (hier nicht abgebildet). 1754/55. (RMS, Oxford).

8 Das Projektionsmikroskop

Seit langer Zeit üben projizierte Bilder eine eigenartige Faszination aus. Bereits aus dem 13. Jahrhundert sind uns Berichte erhalten geblieben, die zeigen, daß damals schon die Camera Obscura als ein Mittel der Projektion eines Bildes bekannt war. Diese Vorrichtung bestand in ihrer einfachsten Form aus einem vollständig abgedunkelten Raum mit einer kleinen Öffnung im Fensterladen, durch die das Licht auf die gegenüberliegende Wand fallen konnte, wobei ein verkleinertes, seitenverkehrtes Bild der äußeren Umgebung entstand. Später setzte man eine Linse in die Öffnung ein, was zu einem größeren und deutlicheren Bild führte. Mit Hilfe einer Sammellinse und eines Hohlspiegels war ein vergrößertes und aufrecht stehendes Bild zu erzielen. Die Bildaufrichtung ließ sich aber auch durch zwei Sammellinsen realisieren, die in einem bestimmten Abstand voneinander angeordnet waren. Im 17. Jahrhundert wurde diese aus zwei Linsen bestehende Kombination für eine besondere Form der Camera Obscura, nämlich den »Scioptischen Ball« benutzt. Hierbei waren die Linsen in einer Kugel montiert, die man zwischen zwei runden Holzplatten drehen konnte. Letztere mußte man in eine Öffnung des Fensterladens einsetzen. Diese Vorrichtung ist in dem 1704 erschienenen »Lexicon Technicum« von Harris beschrieben und diente zur Beobachtung der Sonnenflecke. Sie bildet den unmittelbaren Vorläufer des Sonnenmikroskops.
Andere Ahnen des Sonnenmikroskops sind die kastenförmige Camera Obscura und die Laterna Magica. Im 17. Jahrhundert hatte man den dunklen Raum der ursprünglichen Camera Obscura auf einen großen Kasten reduziert, der vornehmlich als Hilfsmittel für Amateurkünstler diente. Die Laterna Magica wurde im Jahre 1646 von Athanasius Kirchner beschrieben und bestand in ihrer allerersten Ausführung aus einem Spiegel, der Sonnenlicht in den abgedunkelten Raum reflektierte. Die zu projizierenden Bilder waren auf den Spiegel gemalt und wurden mit Hilfe einer Linse auf der Projektionswand scharf abgebildet. Über die uns geläufigere Benutzung von gemalten Glasdiapositiven als Vorlage wird in einer im Jahre 1671 erschienenen Ausgabe des Buches »Ars Magna Lucis et Umbrae« von Kirchner berichtet.
Für die älteste Version eines Sonnenmikroskops wurde ein einfaches »screw-barrel«-Mikroskop benutzt, das in einen Scioptischen Ball kam, aus dem man zuvor die Linsen entfernt hatte. Henry Baker erwähnt in seinem 1742 erschienenen Buch »The Microscope Made Easy« das Sonnenmikroskop als eine »ausländische Erfindung«, die er Dr. Johannes Lieberkühn zuschreibt. Zwar hat Lieberkühn dieses Gerät im Jahre 1740 in England vorgeführt, jedoch dürfte auch Fahrenheit an dessen Entwicklung einen gewissen Anteil gehabt haben. Das von Lieberkühn benutzte Instrument hatte keinen Spiegel. Benjamin Martin teilte jedoch im Jahre 1740 mit, er habe Versuche angestellt, um herauszufinden, welchen Einfluß ein zu einem Scioptischen Ball hinzugefügter Spiegel auf den Abbildungsvorgang habe.
Die endgültige Version des Sonnenmikroskops war jedoch die von John Cuff entwickelte, wie sie von Henry Baker in seinem Buch beschrieben wurde. Sie besaß einen festmontierten Mikroskoptubus mit einem beweglichen Spiegel zum Einfangen des Sonnenlichtes. In dem Cuffschen Sonnenmikroskop diente ein einfaches Wilsonsches »screw-barrel«-Mikroskop als Projektionsobjektiv. Die Abdeckplatte und der Rahmen für den Spiegel bestanden aus Mahagoniholz. Später entstand ein vollständig aus Messing bestehendes Exemplar, das viele Londoner Instrumentenbauer kopierten. Dazu gehörten Mann & Ayscough, Adams, Dollond sowie Ramsden, um nur einige zu nennen. Kleinere Abwandlungen an diesen Geräten wurden lediglich am Mechanismus zur Verstellung des Spiegels vorgenommen. Außerdem sind einige solcher Geräte aus holländischer Fertigung bekannt. Sie tragen die Signaturen der folgenden Hersteller: O.N. Degerman (1756), Jan Rechter aus Delft (um 1780) und Jan Paauw aus Leiden (um 1785). Eine weitere Abart des Sonnenmikroskops war das »Opake Sonnenmikro-

97 Englische, kastenförmige Camera Obscura aus dem frühen 19. Jahrhundert. Sie besteht aus Eichen- und Mahagoniholz. Wenn man die an der Rückseite befindliche Klappe hochhebt, wird die Mattscheibe freigelegt. Darauf entsteht das Bild, das die an der Vorderseite angeordnete Linse entwirft.
Englischer scioptischer Ball aus Guajakholz (spätes 18. Jahrhundert). Die Linse ist in einer Kugel montiert, die frei in dem Holzring rotieren kann. Dieser wird seinerseits im Fensterladen befestigt. (MHS, Oxford).

98 Zwei englische Sonnen-Projektionsmikroskope. Links ein Messinginstrument, signiert mit: »W. & S. JONES, Holborn London«. Es ist in ein Brett montiert, das gleichzeitig als Lichtschutz dient (um 1820). Rechts ein aus Holz, Messing und Leder bestehendes Instrument nach einer von John Cuff stammenden Konstruktion, der sie erstmalig im Februar 1743 in einem Prospekt beschrieb. (MHS, Oxford).

skop«. Es wurde um 1770 von Benjamin Martin das erste Mal auf einem Plakat beschrieben und ein weiteres Mal in einer Druckschrift aus dem Jahre 1774. Er hatte an das Sonnenmikroskop ein Kästchen mit einem schräg gestellten Hohlspiegel angebracht. Damit ließ sich Licht auf die Oberseite des zu projizierenden Objektes schicken. Letzteres kam auf eine im Kästchen befindliche bewegliche Vorrichtung. Dieses von Martin entwickelte Modell wurde später von Adams sowie von W. & S. Jones nachgebaut. Die Beliebtheit des Sonnenmikroskops erstreckte sich bis ins 19. Jahrhundert und man benutzte es noch in der frühen Viktorianischen Ära für die Heimprojektion. Daß es auch auf dem europäischen Festland weiterhin gebaut wurde, beweisen einige noch vorhandene Exemplare, unter denen sich eines mit der Signatur von J. Haas aus Lissabon, 1840, befindet. In dem aus dem Jahre 1880 stammenden Katalog der Firma Negretti & Zambra ist das Sonnenmikroskop unter den Instrumenten aufgeführt, die man nur auf Bestellung herstellte. Die Nachfrage nach derartigen Geräten war eben stark zurückgegangen, jedoch hatte sie der Markt nicht vollständig vergessen.

Die andere bedeutsame Entwicklung auf dem Gebiete der Mikroprojektion stellte das Lampenmikroskop dar. Dieses war im Gegensatz zum Sonnenmikroskop vom Sonnenlicht unabhängig und besaß eine Öllampe als Lichtquelle. Als unmittelbarer Vorläufer des Lampenmikroskops ist eine Kombination anzusehen, die aus einem Sonnenmikroskop und einer kastenförmigen Camera Obscura bestand. Sie wurde um die Mitte des 18. Jahrhunderts in Deutschland hergestellt und im Jahre 1762 von Ledermüller beschrieben. Das Gerät bestand aus einem unten rechteckigen und oben pyramidenförmigen Kasten. Er trug oben den neigbaren Spiegel samt Mikroskop, während an der Seite ein Loch als Einblick angebracht war. Zwar diente noch die Sonne als Lichtquelle, jedoch glich diese kastenförmige Camera Obscura hinsichtlich der Form des Kastens und der Art des Einblicks dem Lampenmikroskop, wie es von George Adams d.Ä. erfunden und von seinen Söhnen weiterentwickelt worden war. George Adams d.J. beschrieb sein eigenes Lampenmikroskop in seinem 1787 erschienenen Buch »Essay on the Microscope«. Es bestand aus einem pyramidenförmigen Holzkasten, der auf der Seite lag und an seinem breiteren Ende mit einer Mattscheibe zur Aufnahme des Bildes versehen war. Das abzubildende Objekt ist zusammen mit dem Kondensor und der Öllampe vor dem schmäleren Teil des Kastens angeordnet, wo sich das Linsensystem befindet. Die Scharfeinstellung erfolgte über einen Zahntrieb, der mit einer langen, mit einem Kardangelenk versehenen Achse in Gang zu setzen war. Die Lampe ließ

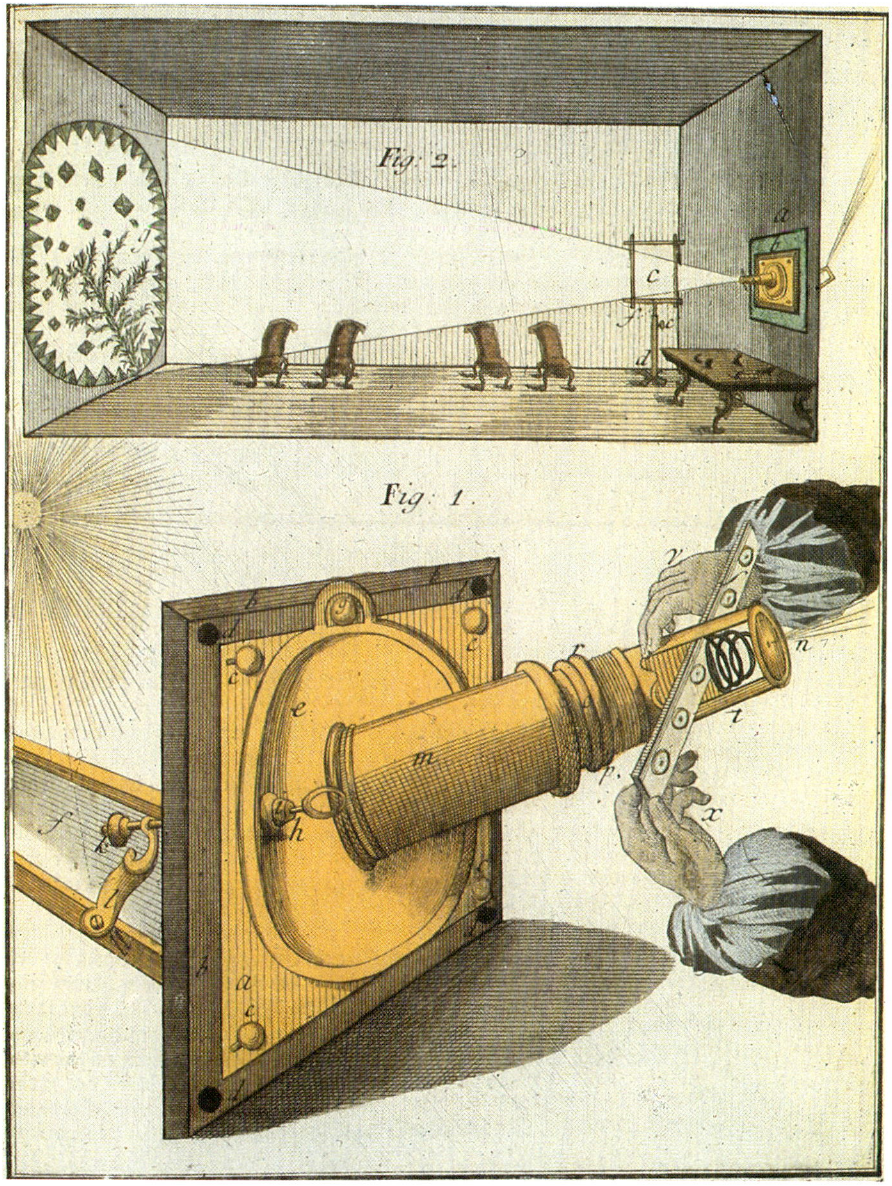

99 Eine Tafel aus dem Buch von M.F. Ledermüller: »Nachlese einer Mikroskopischen Gemüths- und Augen-Ergötzung« (Nürnberg, 1762). Auf dieser Abbildung ist genau zu erkennen, wie ein Sonnenmikroskop im Fensterladen angeordnet war und wie das Bild auf die gegenüberliegende Wand des Raumes geworfen wurde. In der rechten Ecke steht eine Projektionswand, die man zum Zeichnen der projizierten Bilder benutzte. Zu diesem Zweck wurde hinter der durchscheinenden Projektionswand ein Blatt Papier befestigt.

sich so verstellen, daß ihr Licht entweder direkt durch ein transparentes Objekt strahlte oder zur Beleuchtung undurchsichtiger Objekte zunächst auf einen Hohlspiegel gelangte. Um eine bequeme Sichthöhe zu gewährleisten, ließ sich das Lampenmikroskop entweder waagrecht auf ein Stativ oder auf einer anderen Vorrichtung in senkrechter Stellung mit der Mattscheibe nach oben befestigen. Gelegentlich wurden die Lampenmikroskope auch aus Messing hergestellt und Adams lieferte eine besonders große Version davon, die anstelle des pyramidenförmigen Kastens einen rechteckigen aufwies.

Mit Hilfe des Sonnen- und des Lampenmikroskops war es möglich, einer Gruppe von Personen mikroskopisch kleine Objekte wie ein Bild vorzuführen. Hauptzweck bildete dabei die Unterhaltung und nicht so sehr das ernsthafte wissenschaftliche Studium. Die Einstellung eines wissenschaftlichen Mikroskopisten zu dieser Praktik drückte Dr. Goring aus, indem er im Jahre 1827 folgende Klage äußerte: »Das Bild, das ein gewöhnliches Sonnenmikroskop entwirft, ist mehr ein Schatten und eignet sich lediglich zur Belustigung von Frauen und Kindern.« Die Endstufe seiner Entwicklung erlangte das Projek-

100 Eine weitere Tafel aus Ledermüller (1762). Sie zeigt die Arbeitsweise eines Lampenmikroskops, einer Modifikation der kastenförmigen Camera Obscura.

tionsmikroskop mit dem »Knallgasmikroskop« oder dem »Großen Mikroskop«, das im Jahre 1823 zum ersten Male in London vorgestellt wurde. Es handelte sich dabei um ein Sonnenmikroskop, für das man als Neuerung eine Knallgasflamme als Lichtquelle benutzte. Damit bestand die Möglichkeit, natürliche Objekte durch Projektion auf eine weiße Wand oder auf die Zimmerdecke enorm zu vergrößern. Das geschah in einer Reihe von Festsälen in London. Ein Kommentar dazu lautet: »Jeden, der von einer Fliege gebissen wurde, muß es erfreuen, wenn er eine solche Fliege in der Größe eines Kamels sieht. Es muß ihn dann ein Gefühl der Befriedigung und Sicherheit überkommen, weil er doch bei dem Angriff eines solchen Untieres nicht aufgefressen wurde.« Derartige Vorführungen blieben etwa ein Jahrzehnt lang als Mittel zur Unterhaltung in Mode.

Gegen Ende des 19. Jahrhunderts hatte die Beliebtheit solcher Projektionsveranstaltungen stark nachgelassen. Deshalb wurde in dem Katalog der Firma Negretti & Zambra der didaktische Wert der Camera Obscura herausgestellt: »Ein mit einem Zusatzteil zum Preise von 2 Britischen Pfunden und 2 Schillingen versehenes Mikroskop zeigt kleine Objekte auf

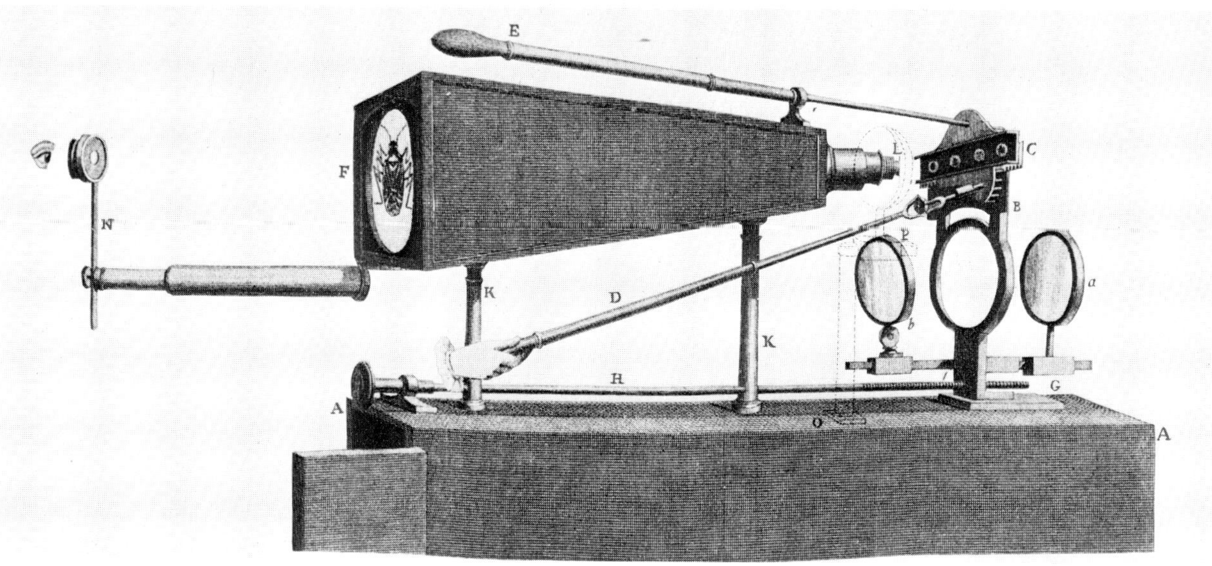

101 Ein typisches Lampenmikroskop, wie es im frühen 19. Jahrhundert viele Jahre lang von der Firma W. & S. Jones, Holborn, London, hergestellt wurde. Der Kupferstich stammt aus der zweiten Auflage des Buches »Essays on the Microscope« von George Adams d.J., die nach dem Tode von Adams (1795) im Jahre 1798 von den Brüdern Jones herausgegeben worden war. Das Instrument ist auf der Oberseite des Aufbewahrungsschrankes montiert. Typisch für das Jonessche Produkt ist die pyramidenförmige Projektionskammer. Bei starken Vergrößerungen und den damit verbundenen lichtschwachen Bildern wurde die Mattscheibe entfernt, so daß das Auge direkt auf das von der Linse geworfene Bild blicken konnte. Allerdings war dann eine exakte Plazierung des Auges erforderlich. Das wurde durch eine Lochblende ermöglicht, die mit Hilfe eines Auszugtubus und einer senkrecht angeordneten Säule an diejenige Stelle kam, von der aus die Beobachtung zu erfolgen hatte.

einer Scheibe mit einem Durchmesser von 1,20 m in einer brillanten Vergrößerung.« Es wurde vorgeschlagen, daß Lehrer die Laterna Magica mit oder ohne Mikroskop in ihren Klassen benutzen sollten. Diese Rolle spielte die Laterna Magica so lange, bis sie vom automatischen Diaprojektor und dem Fernsehapparat abgelöst wurde.

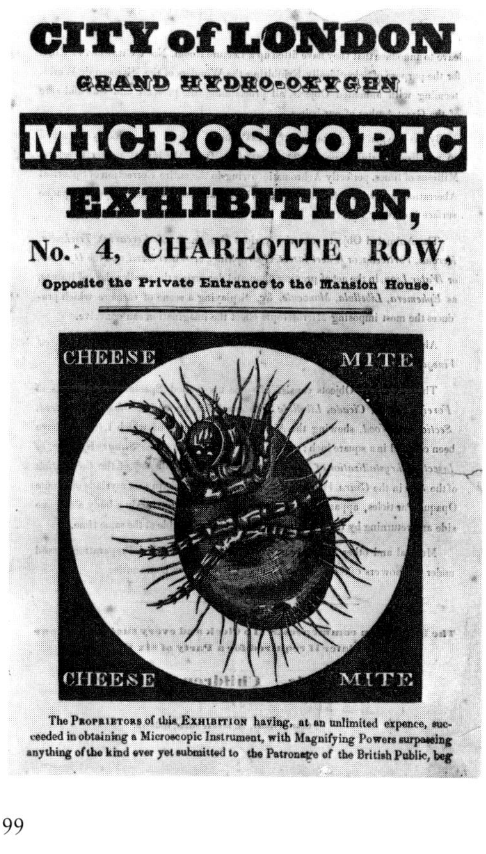

102 Vorderseite einer Reklameschrift, die aus der Zeit um 1835 stammt. Sie sollte das Publikum dazu bewegen, sich die enorm vergrößerten projizierten Bilder mikroskopischer Objekte anzusehen. Die Vorführungen fanden stündlich zwischen 11 und 16 Uhr statt. Der Eintritt betrug 1 Schilling für Erwachsene und für Kinder die Hälfte. (WHMS, Cambridge).

103 Vollständige Ausrüstung eines Mikroskopisten aus den frühen dreißiger Jahren des 19. Jahrhunderts, signiert mit: »CARPENTER'S IMPROVED, OPAKE, & TRANSPARENT Compound Microscope, 24, Regent St. LONDON.« Dazu gehört ein umfangreicher Satz an Zubehör, von dem das zusammengelegte Stativ in dem Mahagonikästchen umgeben ist. Philip Carpenter zog im Jahre 1826 in die Regent Street. Nach seinem Tode (1833) führte seine Schwester die Handelsgeschäfte weiter. Im Jahre 1837 wurde der Firmenname in »Carpenter & Westley« abgeändert. (MHS, Oxford).

9 Mikroskopzubehör

In den Beschreibungen ihrer Mikroskope bezeichnen John Cuff und George Adams die dem Mikroskop beigegebenen Teile in ihrer Gesamtheit als »Apparat«. Dieser Terminus blieb bis in das späte 19. Jahrhundert hinein in Gebrauch und wurde dann durch das moderne Wort »Zubehör« ersetzt. Wie nicht anders zu erwarten, schwoll der Umfang des »Apparates« mit der voranschreitenden Komplizierung des Gerätes immer weiter an. Doch stellt die Anzahl an Zubehörteilen für sich allein noch kein adäquates Maß für die Güte eines aus dem 19. Jahrhundert stammenden Mikroskops dar. Im zweiten Viertel dieses Jahrhunderts war es üblich, fertig ausgestattete Mikroskopierkästen zu liefern, die manchmal 50 bis 80 verschiedene Zubehörteile aus Messing oder Glas enthielten. Dagegen hat die Optik eines derartigen Mikroskops im Vergleich zum 18. Jahrhundert meist keine Veränderungen erfahren – wenn man einmal davon absieht, daß inzwischen ein billiges, achromatisches Objektiv beigegeben wurde.

Es ist immer gut, wenn man die Zubehörteile identifizieren kann, die sich bei einem alten Mikroskop befinden. Dabei sind zwei Punkte zu beachten: Einmal können Zubehörteile leicht verschleppt werden und es ist daher nicht unbedingt sicher, ob sie aus derselben Zeit stammen wie das Mikroskop selbst, oder ob sie wirklich zu dem ursprünglichen Apparat gehört haben. Es kann durchaus sein, daß der Erstbesitzer sie erst nach dem Mikroskopkauf angeschafft hat oder daß sie von einem späteren Besitzer hinzugefügt wurden oder daß es ein Händler oder ein Sammler war, der sie zu dem Instrument legte. So gibt es zahlreiche Beispiele, in denen ein Lieberkühnspiegel an ein Mikroskop kam, das lange vor der Erfindung dieses wichtigen Zubehörteils (um 1740) hergestellt wurde. Aus der Zeit zwischen 1700 und 1720 stammende Mikroskope wurden im späteren 18. Jahrhundert ziemlich häufig mit Spiegeln versehen. Als zweiter Punkt ist der Konservativismus in Betracht zu ziehen, der bei der Zusammenstellung von Zubehörteilen für Mikroskope vorherrschte. So tauchen die gleichen Teile, die bereits ein aus dem Jahre 1700 stammendes Mikroskop von Marshall begleiten, nur mit geringen Abweichungen noch im Jahre 1860 auf, wenn auch jetzt in Gesellschaft mit neu hinzugekommenen Utensilien. Beispielsweise wurden die Fischplatte und die »Lebenszelle« (mit der Bezeichnung »Käfig für mikroskopische Tierchen« aus dem Jahre 1875) rund 200 Jahre lang fast jedem Mikroskop beigegeben, das auf den Markt kam.

Für das doppelte Mikroskop von Marshall war es eine ausgezeichnete Reklame, als es in dem »Lexicon Technicum« von Harris beschrieben wurde, das im Jahre 1704 erschien (s. Abb. 19). Der große Kupferstich dieses Instrumentes wurde durch eine ausführliche Beschreibung ergänzt. Das an der Basis des Gerätes befindliche Kästchen enthielt ein Schubfach. Darin befand sich ein Gestell zur Aufnahme sechs verschiedener Objektivlinsen oder »Objektgläser«, die so gefaßt waren, daß man sie in das Objektivgewinde des Tubus schrauben konnte. Das Schubfach enthielt außerdem eine runde Objektplatte mit zwei daran befestigten, parallel verlaufenden Leisten. Sie bildeten einen Schlitten, der unmittelbar über dem Kugelgelenk an das Unterteil der Säule paßte. Eine weitere Platte, die sich auf den Objekttisch legen ließ, war die »Schwarz-Weißplatte«, die auf der einen Seite aus Elfenbein und auf der anderen aus Ebenholz bestand. Man konnte damit für helle bzw. dunkle Objekte einen besseren Kontrast schaffen. Das Schubfach enthielt auch eine Pinzette, die als »Kralle« bezeichnet wurde. Auf dem Kupferstich ist noch ein weiterer Objekttisch zu sehen. Es handelt sich dabei um einen Glastrog auf einem gabelförmigen Rahmen. Man benutzte ihn zum Festhalten eines kleinen Fisches, wenn die Blutzirkulation im Schwanz untersucht werden sollte. Zu dem Trog gehörte außerdem »ein Bleisarg, den man auf den Fisch legen konnte, um zu verhindern, daß er fortsprang und seinen Schwanz aus dem Strahlengang bewegte«. Es war dies das erste Beispiel für die berühmte Fischplatte, die später aus einer geschwungenen

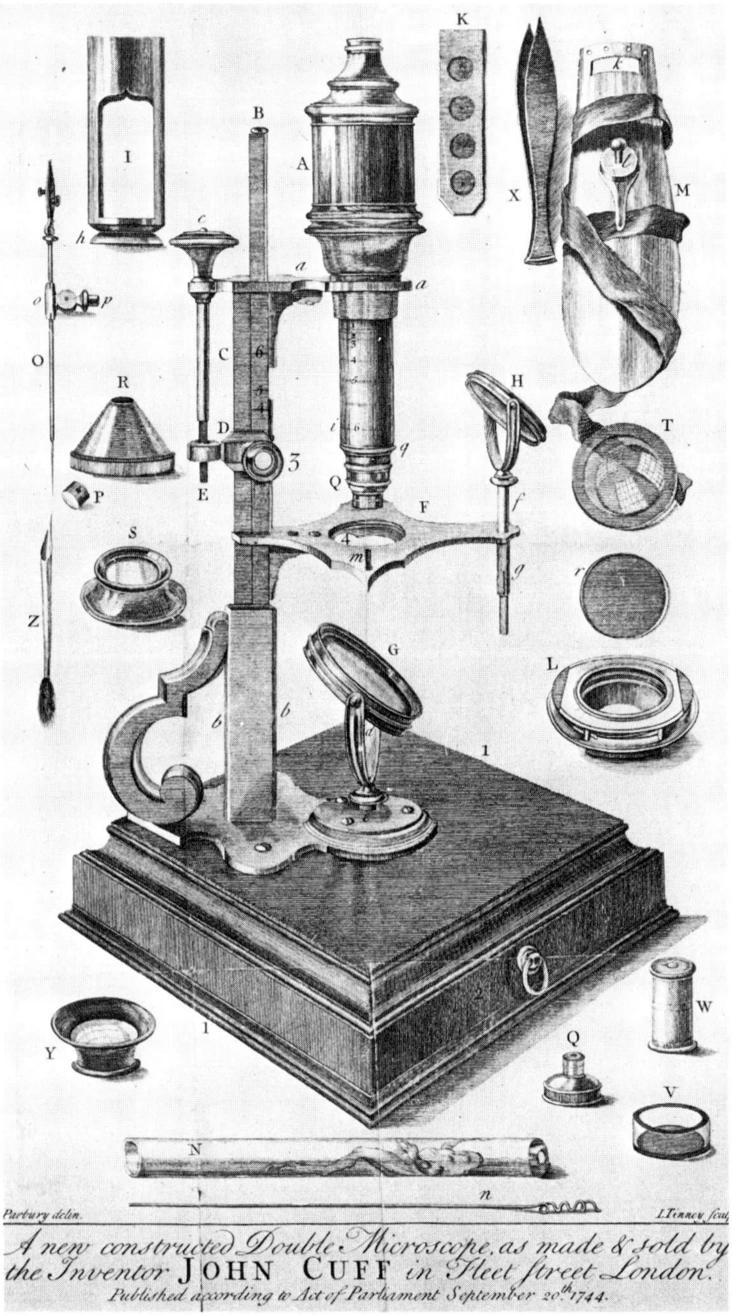

104 Tafel aus der zwölfseitigen Gebrauchsanweisung aus dem Jahre 1744, die John Cuff seinen Mikroskopen beilegte. (MHS, Oxford).

Messingplatte bestand. Auf ihr wurde der Fisch mit einem Band gehalten. Die Fischplatte war an einem Ende mit einem Schlitz versehen, durch den man den Fischschwanz beobachten konnte. Schließlich befand sich unter dem Objekttisch noch eine in einen Messingrahmen montierte Sammellinse zur Konzentration des Lichtes. Dieses ging von einer darunter angeordneten Kerze aus, denn Mikroskopspiegel waren damals noch unbekannt. Sie wurden erst um 1725 von Culpeper an den Dreifußmikroskopen angebracht.

Das nach Plänen von Henry Baker im Jahre 1744 von John Cuff hergestellte, vollständig aus Messing bestehende zusammengesetzte Mikroskop stellte die nächste bedeutsame Entwicklungsstufe in der Geschichte dieses Instrumentes dar. Sein Apparat umfaßte zum Teil die gleichen Geräte, wie sie bereits Marshall geliefert hatte: nämlich eine Fischplatte aus Messing (auch »Fischpfanne« genannt), mehrere Pinzetten (»Kneifer«) in einheitlicher Ausführung sowie eine Schwarz-Weißplatte. Letztere wurde jetzt am Ende eines Bolzens befestigt, der außerdem eine Klemme zur Befestigung bestimmter Objekte trug. Natürlich war auch ein Satz aus sechs verschieden starken Objektiven beigegeben. Während jedoch das stärkste Marshallsche Objektiv die Zahl 6 trug, bezeichneten Culpeper, Cuff wie auch deren Nachfolger ihre Objektive mit der höchsten Vergrößerung mit der Zahl 1. Darüber hinaus ergänzte Cuff seinen Apparat durch zahlreiche neue Teile. Sein Mikroskop besaß einen fest montierten, kreuzförmigen Objekttisch, der in seiner Mitte mit einer Öffnung versehen war, in die viele verschiedene Objekthalterungen paßten. Die Arme wiesen Vertiefungen oder Schlitze für weiteres Zubehör auf. Außerdem war ein mit einer gefederten Platte versehener Objekttisch beigegeben, der nach seinem Erfinder als »Bonannischer Objekttisch« bezeichnet wurde. Er diente zur Befestigung der aus Elfenbein bestehenden Schieber, von denen insgesamt acht zur Aufnahme der zu untersuchenden Objekte vorhanden waren. Es handelte sich dabei um rechteckige Streifen mit einer Anzahl von Vertiefungen. Dahinein kamen die zwischen Glimmerplättchen montierten Objekte. Das ganze wurde mit Sprengringen aus Messingdraht fixiert und als »Talkzelle« bezeichnet (wobei mit »Talk« der Glimmer gemeint ist). Die überzähligen Glimmerscheibchen und Sprengringe befanden sich in einem Kästchen aus Elfenbein. In den Objekttisch konnte man auch eine »Lebenszelle« einlassen. Diese war ein rundes Behältnis aus Messing, in dem ein lebendes Insekt zwischen zwei Glasplatten eingesperrt war, von denen die eine plan und die andere konkav war. Zu den weiteren Aufnahmevorrichtungen für die Objekte gehörten eine flache Glasschale für größere Wassertiere sowie eine konkav geformte Glasscheibe. Man bezeichnete sie als Uhrglas und füllte sie mit einigen Tropfen einer Flüssigkeit. Als Zusatzteile zur Fischplatte wurden mehrere Röhren mit verschiedenen Durchmessern sowie ein Draht zu deren Reinigung mitgeliefert. In die Röhren kamen größere, lebende Objekte, wie Aaale und Molche, an denen man die Blutzirkulation untersuchen wollte. Schließlich gehörte zu dem Zubehör für den Objekttisch noch eine besondere Objektklemme, die auf einem Bolzen montiert war. Sie bestand aus einem Stab aus Draht, der zur Befestigung der Objekte an seinem einen Ende eine Pinzette (»Zangen«) und an seinem anderen eine Spitze trug. Dabei ließ sich die bereits erwähnte Schwarz-Weißplatte auf der Spitze befestigen und fungierte als Hintergrund. Verschiedene Zubehörteile waren eigens für die Verbesserung der Beleuchtung vorgesehen. So konnte man eine bikonvexe Linse in einer Vertiefung des Objekttisches befestigen, wenn man Licht auf große, undurchsichtige Objekte schicken wollte. Ein als »Silber-Speculum« bezeichneter Lieberkühn-Spiegel war in einer zylinderförmigen Halterung montiert, die zur Beleuchtung undurchsichtiger Objekte über das Unterende des Tubus geschickt werden konnte. Ein aus Messing gefertigter Trichter ließ sich zur Abblendung des Lichtes unter dem Objekttisch anbringen. Zu den weiteren Hilfsinstrumenten gehörten eine weiche Bürste zur Reinigung sowie eine Handlupe. In dem »Apparat«, der zu dem zusammengesetzten Mikroskop gehört, das von George Adams in seinem Ende des 18. Jahrhunderts erschienenen Buch »Essays on the Microscope« beschrieben ist, findet sich überraschend wenig Neues. So ist der Lieberkühnspiegel mit einer anderen Vorrichtung zur Befestigung versehen. Denn er wird jetzt nicht mehr von einem Zylinder, sondern am Ende eines Stabes gehalten, der seinerseits am Objekttisch angebracht ist. Zur Aufbewahrung des Spiegels dient ein besonderes Kästchen. Die Untersuchung transparenter Objekte wird entweder auf einem Uhrglas oder auf einer flachen Glasscheibe vorgenommen, die in den Objekttisch paßt. Außerdem sind zur Aufnahme der Objekte Streifen aus dünnem Glas beigegeben. Die einzige wirkliche Neuerung betrifft die Halterung der Objektivlinsen, die nunmehr entweder auf einem Schieber aus Messing oder auf einer drehbaren Scheibe montiert sind. Jedoch fertigten andere Hersteller weiterhin einzelne, getrennte Objektivfassungen aus Messing. Zu dem weiteren Zubehör gehörten »Lebenszellen«, die in einem Schieber angeordnet sind. Dieser besteht aus Messing und ist äußerlich ebenso geformt wie ein Elfenbeinschieber. Jedoch sind die Öffnungen zur Aufnahme von Flüssigkeiten mit kleinen konkaven Glasscheiben

105 Die Methode, einen Frosch oder Fisch festzubinden, wie sie George Adams d. Ä. in der 1747 erschienenen 2. Auflage seiner »Micrographia illustrata: or the Microscope Explained« auf der Tafel 18 empfahl.

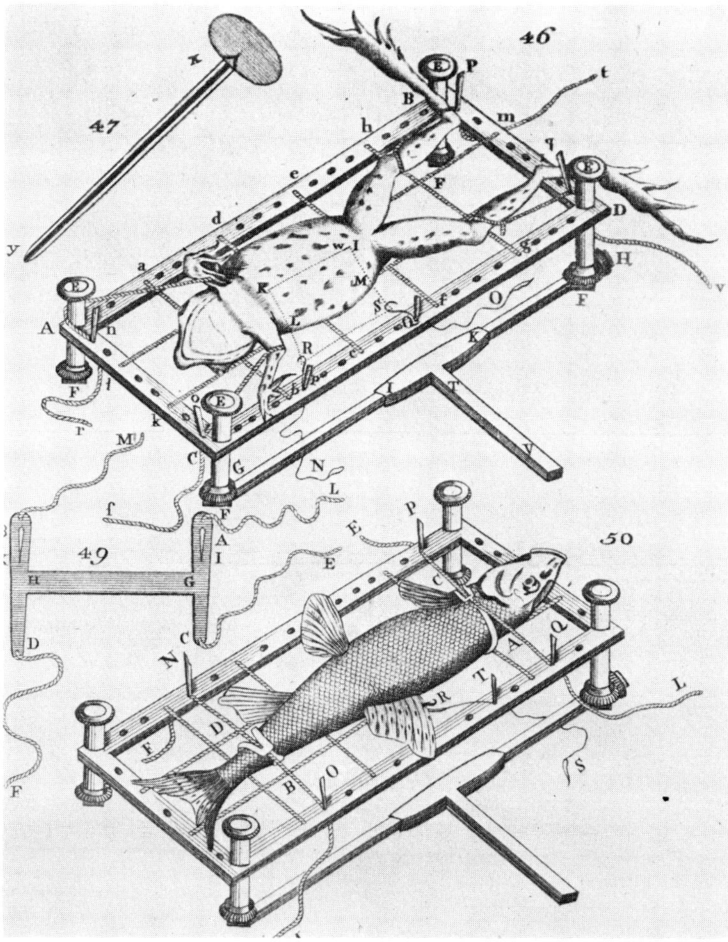

106 *Zu Beginn des 19. Jahrhunderts waren große, flache Mahagonikästchen sehr beliebt, um das zusammengelegte Stativ, umgeben von vielen Zubehörteilen, aufzubewahren. Auf der vorliegenden Abbildung ist ein »Am meisten verbessertes zusammengesetztes Mikroskop« von Jones zu sehen, das folgendermaßen signiert ist: »W. & S. JONES, 30 Holborn, London«. (MHS, Oxford).*

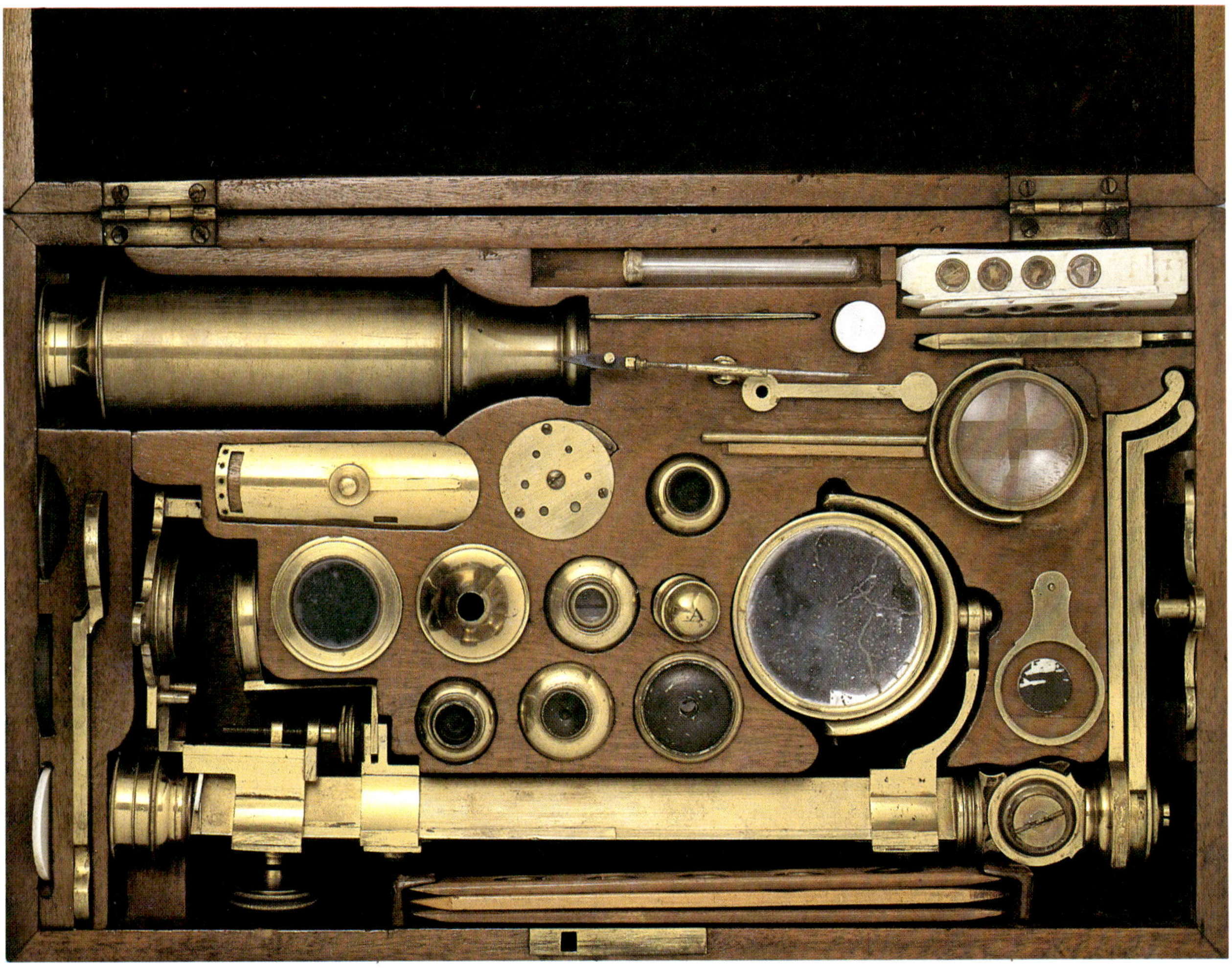

abgeschlossen und jede Zelle ist mit einem abnehmbaren Deckglas bedeckt. Diese Form eines Schiebers wurde bereits zu Beginn des Jahrhunderts entwikkelt, bildete jedoch keinen regelmäßigen Bestandteil einer Mikroskopausrüstung.

Im Jahre 1865 erschien das von Richard Beck verfaßte Buch »A Treatise on the Construction, Proper Use and Capabilities of Smith, Beck & Beck's Achromatic Microscopes« (»Eine Abhandlung über den Aufbau, die richtige Anwendung und die Möglichkeiten der Achromatischen Mikroskope der Firma Smith, Beck & Beck«). Diese Firma gehörte zu den drei führenden britischen Mikroskopherstellern, deren Instrumente von bedeutenden Wissenschaftlern benutzt wurden. Die von Richard Beck beschriebenen Zubehörteile sind wesentlich zahlreicher und außerdem viel komplizierter gestaltet, als sich das Adams jemals hätte vorstellen können. Sie folgten damit dem rapiden Fortschritt, den das Mikroskop durch die Arbeiten von J.J. Lister gemacht hatte. Es waren insgesamt sieben ganzseitige Tafeln erforderlich, um alle Einzelheiten des »Apparats« darzustellen. Auf der ersten Tafel sind drei der fünf Okulare zusammen mit acht verschiedenen Objektiven zu sehen, deren Brennweiten von 2 Zoll bis herunter zu 1/20 Zoll (58 mm und 2,1 mm) variierten. Hinzu kommt eine bildaufrichtende Linse, die zusammen mit dem Objektiv der Brennweite 2/3 Zoll (17 mm) zu benutzen war. Man konnte damit das Objekt in seiner natürlichen Orientierung und nicht – wie bei einem Blick durch ein gewöhnliches Mikroskop – seitenverkehrt und auf dem Kopf stehend sehen. Die zweite Tafel zeigt Zubehörteile für die Durchlichtbeleuchtung, und zwar achromatische Kondensoren mit oder ohne Blenden, verschiedene Prismen und Hohlspiegel.

Die nächste Tafel zeigt Vorrichtungen zur Untersuchung undurchsichtiger Objekte, nämlich Kondensorlinsen, Silberspiegel sowie Plankonvexlinsen, die auf eigenen Stativen montiert waren und der seitlichen Beleuchtung von Objekten dienten. Hinzu kamen ein Satz aus vier Lieberkühnspiegeln für die verschieden großen Objektive zusammen mit unterschiedlich dimensionierten dunklen Blendschutzeinrichtungen und der dazugehörigen Halterung, die bei Benutzung eines Lieberkühnspiegels für einen dunklen Hintergrund sorgten. Schließlich findet sich noch ein als »opaker Scheibenrevolver« bezeichnetes Instrument, mit dem man eine Anzahl kleiner, undurchsichtiger Objekte schneller nacheinander untersuchen konnte. Die Scheiben kamen bei Nichtgebrauch in ein flaches oder in ein trommelförmiges Behältnis.

107 Tafel V aus »A Treatise on the Construction, Proper Use, and Capabilities of Smith, Beck and Beck's Achromatic Microscopes« von Richard Beck (1865) mit Okularen und Objektiven.

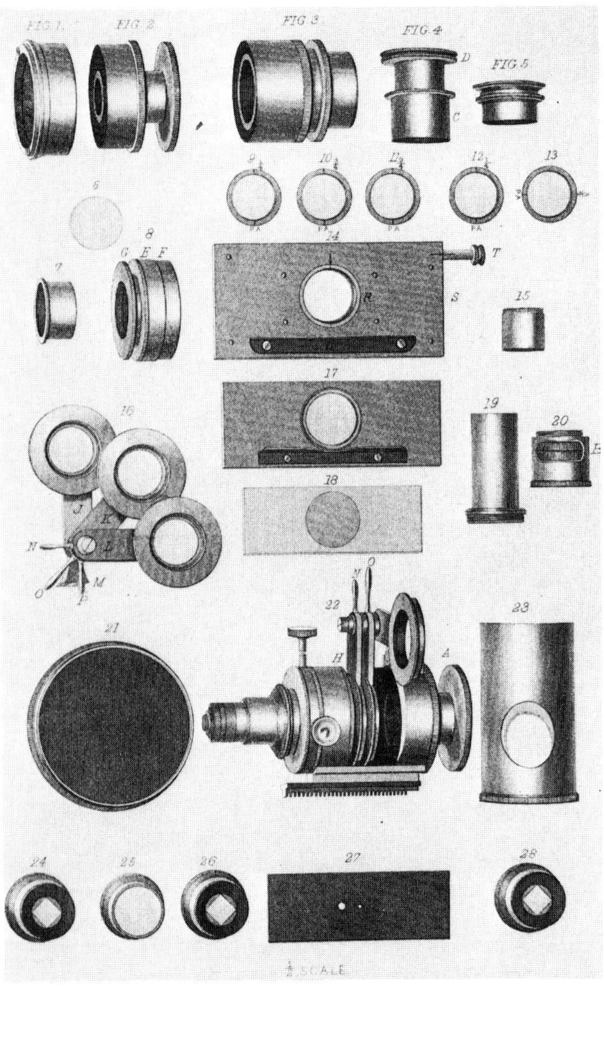

108 *Tafel X aus der »Treatise« von Beck mit Beleuchtungslinsen, Lieberkühnspiegeln sowie Halterungen für undurchsichtige Objekte.*

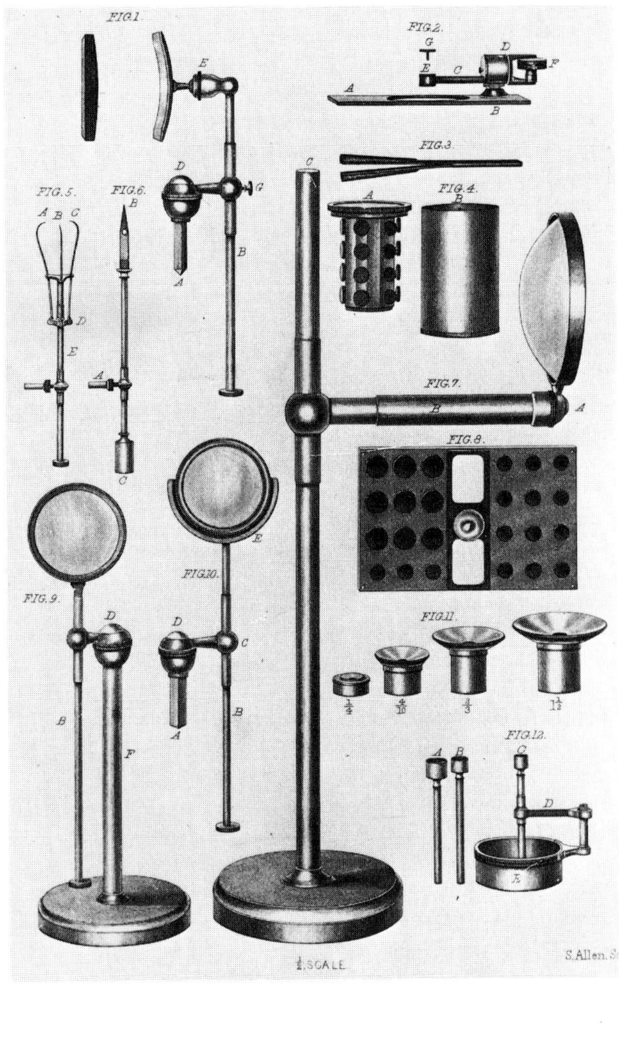

109 *Tafel XVI aus der »Treatise« von Beck mit Zubehörteilen für die Polarisationsmikroskopie.*

Eine weitere Tafel widmet sich ausschließlich dem Zubehör, das erforderlich ist, um an dem Mikroskop polarisiertes Licht benutzen zu können, wenn doppelbrechende Objekte, wie etwa in der Geologie, untersucht werden müssen. Am wichtigsten ist dabei das Nicolsche Prisma. Der aus Edinburgh stammende Geologe William Nicol erfand im Jahre 1828 ein Prisma, das aus Kalkspatkristallen (Isländer Doppelspat) bestand. Diese waren so geschnitten, daß letztlich nur einer der beiden Strahlen des vom Kalkspat doppelt gebrochenen Lichts das Prisma verlassen konnte. Diese Methode hatte für die Herstellung polarisierten Lichtes Bedeutung, bis Edwin Land im Jahre 1932 die aus Kunststoffolien bestehenden Polarisationsfilter erfand.

Um diese Zeit gehörten »Lebenszellen« ebenso wie »Fischplatten« (die Beck als »Froschplatten« bezeichnete) immer noch zur Ausrüstung eines Mikroskopisten. Im Gegensatz zu den Zeiten Adams' kam jetzt jedoch ein Kompressorium hinzu, mit dem sich die Objekte vor der Untersuchung abflachen ließen. Derartige Geräte wiesen verschiedene Formen auf und waren zum Quetschen entweder mit Schrauben oder Hebeln versehen. Verschiedene Ausführungsformen solcher Lebenszellen und Kompressorien sind auf einer weiteren Tafel in dem Beckschen Werk zu sehen.

Nachdem das Mikroskop erst einmal als ein Werkzeug für wissenschaftliche Untersuchungen etabliert war, wurden Möglichkeiten zur genauen Messung und zur genauen Dokumentation des Gesehenen immer wichtiger. Deswegen beschreibt Beck auch Mikrometer, Goniometer (zur Messung von Winkeln bei Kristallen) sowie ein Zeichenprisma (»camera lucida«), das das maßstabsgetreue Zeichnen eines mikroskopischen Bildes erleichterte.

Schließlich bestand da noch das ungemein wichtige Problem der künstlichen Beleuchtung, die man zu dieser Zeit mit Öl- oder Gaslampen vornehmen mußte. Auf der letzten Tafel seines Buches bildet Beck eine Vielzahl von Lampen ab. Außerdem ist dort ein spezieller Tisch für Mikroskopisten zu sehen. Dieser läßt sich drehen, so daß bis zu vier Personen nacheinander durch ein Mikroskop blicken können. Daraus wird ersichtlich, daß trotz der stetig anwachsenden Bedeutung des Mikroskops für die Wissenschaft auch nach wie vor der Markt für Amateure eine große Aufnahmefähigkeit zeigte. Um die Mitte der Viktorianischen Ära erreichte die Mikroskopische Gesellschaft ihre Hochblüte und unterhielt in fast jeder britischen Stadt eine Ortsgruppe. Aus diesem Grunde wurden »Fischplatten« und »Lebenszellen« weiterproduziert, obwohl gleichzeitig der Bedarf an Polarisationseinrichtungen, Mikro-

110 Tafel XXI aus der »Treatise« von Beck, die Kompressorien, Lebenszellen, Glasröhrchen sowie eine Froschplatte zeigt.

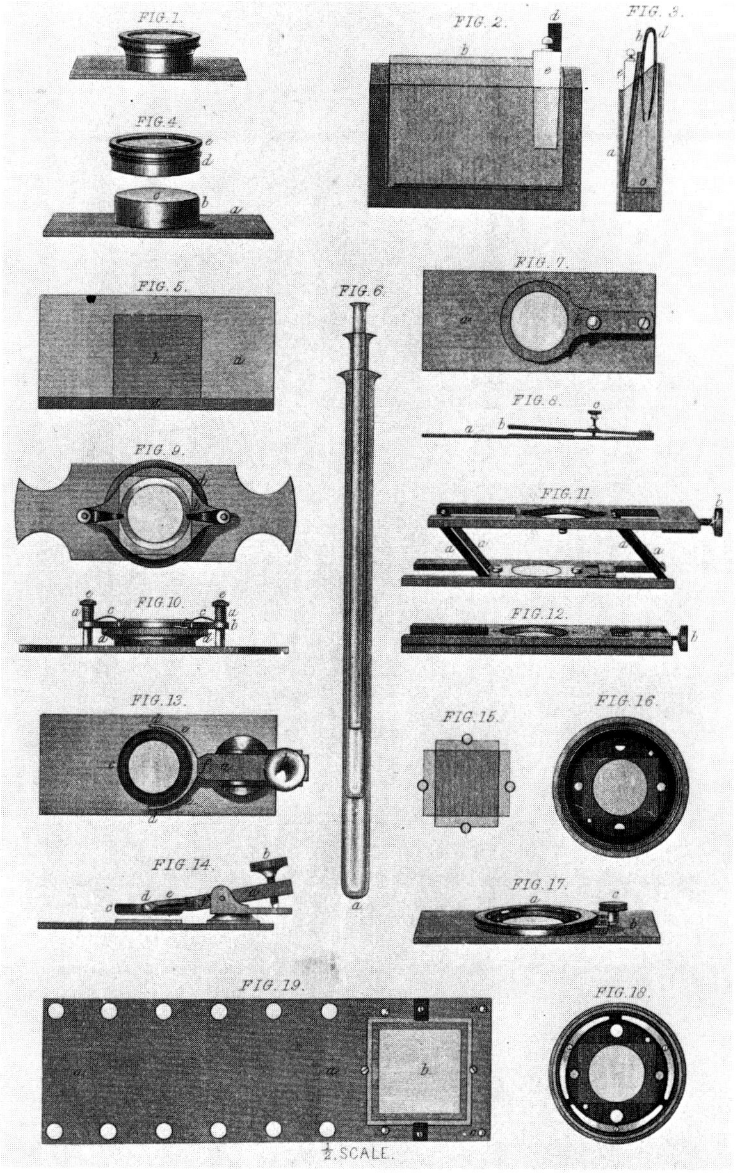

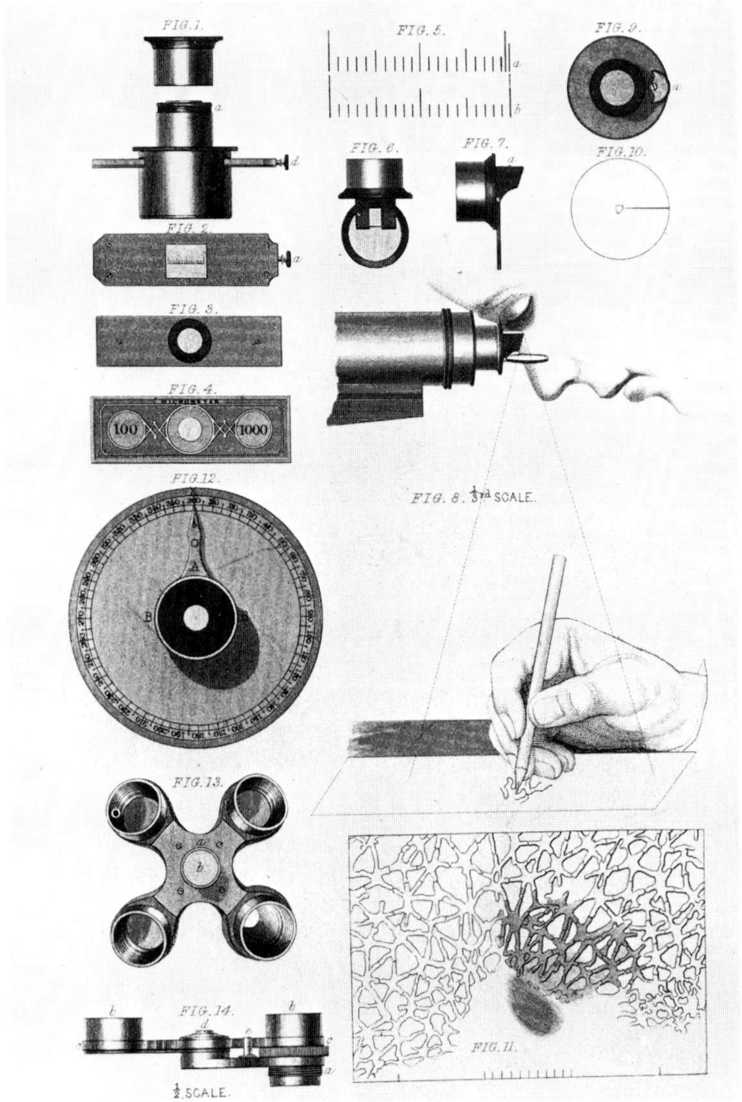

111 Tafel XXII aus der »Treatise« von Beck. Dargestellt sind Mikrometer- und Goniometerokulare, Objektmikrometer, ein Wollastonscher Zeichenapparat sowie ein Objektivrevolver.

metern und starken achromatischen Objektiven anstieg.

Um 1920 war der Wust an Zubehör verschwunden. Lochblendenscheibe, Illuminatoren für Schräglicht waren ebenso wie die Vielzahl der Kondensoren dem mit Irisblende versehenen Abbeschen Beleuchtungsapparat gewichen. Die Stative waren ausgezeichnet verarbeitet. Zwar erfolgte deren Herstellung inzwischen in großen Fabriken, sie war jedoch von ständigen und genauen Kontrollen begleitet. Ihrem äußeren Erscheinungsbild nach wurden die Modelle der verschiedenen Hersteller einander immer ähnlicher. Dabei waren der Fuß, der Tubusträger und der Objekttisch von schwarzem Emaille überzogen, während die Fassungen der Objektive und der Okulare sowie alle blanken Teile verchromt waren.

Die British Science Guild hatte einen genauen Vorschlag für den Aufbau eines Standard-Mikroskops für Studenten ausgearbeitet. Geräte, die nach diesem Plan gebaut waren, wurden zum Preise von einem Britischen Pfund zusammen mit dem Aufbewahrungsschrank, jedoch ohne die Optik, von folgenden Firmen geliefert: C. Baker (»Student's«), Beck Ltd. (»Standard London«) und Watson & Sons, Ltd. (»Service«). Jeder Käufer eines Mikroskops –

112 Tafel XXIII aus der »Treatise« von Beck mit Lichtquellen sowie einem speziellen drehbaren Arbeitstisch für Mikroskopisten (Richard Beck sitzt links).

unabhängig davon, ob er nun Student oder naturwissenschaftlicher Forscher war – konnte ein Stativ kaufen und dazu diejenigen Okulare und Objektive auswählen, die seinen Bedürfnissen entsprachen. Er mochte sich für einen Abbeschen Beleuchtungsapparat entscheiden, bei dem die sphärische und die chromatische Aberration nicht korrigiert waren, oder auch für den kostspieligeren achromatischen Kondensor, ganz nach der Schwierigkeit der Untersuchungen, die er durchzuführen hatte. Auch wurden keine aus Dutzenden von Einzelteilen bestehende Apparate mehr verkauft. Denn man benutzte die Mikroskope jetzt in Labors, wo alle anderen zur Präparation erforderlichen Utensilien, wie Mikrotome (in der Biologie) oder Diamantsägen (in der Geologie), vorhanden waren.

Jeder, der sich für alte Mikroskope interessiert, trifft früher oder später auf alte mikroskopische Präparate. Diese können zu mehreren in Schachteln verpackt sein und einen Teil des Mikroskopzubehörs bilden. In der ersten Hälfte des 20. Jahrhunderts stellte man kleine Holzkästen her, die ein Dutzend Einsätze enthielten, die jeweils sechs Präparate liegend aufnehmen konnten. Einige Mikroskopisten aus der Viktorianischen Zeit bewahrten ihre Präparate in Kästen auf, die vorn mit einer Glaswand ver-

sehen waren. Andere zogen ungeheuer große, doppeltürige Schränke aus Mahagoniholz vor, die Dutzende flacher Schubfächer enthielten.
Der früheste Bericht über den Gebrauch eines Schiebers als Objektträger für ein Mikroskop stammt aus dem 1691 erschienenen Buch von Bonanni, wo ein Streifen aus Elfenbein mit vier Öffnungen abgebildet ist. Von da an gehört der aus Elfenbein (gelegentlich auch aus Knochen) bestehende Schieber bis in die Mitte des 19. Jahrhunderts zu den obligatorischen Bestandteilen eines jeden Mikroskopzubehörs. Er ist meist 80 bis 110 mm lang und 12 mm breit und weist vier, manchmal auch fünf oder mehr Öffnungen auf, in die die zu untersuchenden Objekte zwischen dünne Glimmerplättchen montiert wurden. Die aus dem 18. Jahrhundert stammenden Präparatsammlungen sind ihrem Inhalt nach sehr einheitlich und enthalten stets einen Floh, eine Laus, Mäusehaare, Fischschuppen, Haut, Samen und Schnitte durch Holz. Gegen Ende jenes Jahrhunderts stellte man Schieber aus Buchsbaum-, Mahagoni- und Ebenholz her, die sehr große Ausmaße aufwiesen (200 mm × 25 mm) und die für Sonnen- bzw. Lampenmikroskope benutzt wurden. Die Präparate waren dabei durchsichtig oder opak. Von diesen enthielten die letzteren ein Insekt oder ein kleines Stück eines Minerals, die auf einem Stück gefärbten Papiers befestigt waren, das als Hintergrund diente.
In den Jahren zwischen 1780 und 1810 war Abraham Ypelaar aus Amsterdam einer der besten Präparatoren. Er benutzte manchmal ebenfalls Schieber aus Elfenbein, montierte seine Objekte jedoch häufiger auf runde Elfenbeinscheiben von 20, 16 oder 12 mm Durchmesser. Dabei kamen die Objekte selbst zwischen Glasscheiben, die mit Hilfe eines Sprengringes aus Messing zusammengehalten wurden.
Im Verlauf der dreißiger Jahre des 19. Jahrhunderts kamen kleine Glasstreifen in Gebrauch, auf denen sich je ein Objekt befand. Sie hatten eine Größe von ca. 37 × 12 mm und waren mit grünem, in der Mitte rund ausgeschnittenen Papier beklebt. In London verkaufte Andrew Pritchard derartige Präparate satzweise. Andere Objektträgerformate waren ebenfalls in Gebrauch, bis die neu gegründete Microscopical Society von London im Jahre 1840 die Standardgröße auf 76 × 26 mm festlegte. Diese wurde anschließend weltweit übernommen.
Englische kommerzielle Präparate aus Viktorianischer Zeit können sehr attraktiv sein, besonders wenn sie aus den Jahren zwischen 1850 und 1870 stammen, denn sie sind mit buntem und bedrucktem Papier eingeschlagen. Selbstverständlich zeichnen sich die Objekte von Präparaten aus dem Jahre 1850 bereits durch eine große Mannigfaltigkeit aus. Wenn man eine Vorstellung davon gewinnen will, wie diese Präparate ausgesehen haben mögen, muß man eines der vielen Bücher zu Rate ziehen, die in der letzten Hälfte des vorigen Jahrhunderts für Amateurmikroskopisten geschrieben wurden. Das Studium Viktorianischer Präparate ist jedenfalls eine sehr reizvolle Angelegenheit.

113 Eine Anzahl mikroskopischer Präparate aus dem 19. Jahrhundert. Oben: Objektträger aus Elfenbein und darunter große hölzerne Objektträger, wie sie für die Zeit zwischen 1800 und 1830 typisch waren. Daran schließen sich nach unten gläserne Objektträger verschiedener Größe aus den vierziger Jahren des vorigen Jahrhunderts an. Unten liegen gläserne Objektträger der Standardgröße 76 × 26 mm (3 × 1 Zoll) aus der Mitte und dem Ende des 19. sowie dem Beginn des 20. Jahrhunderts.

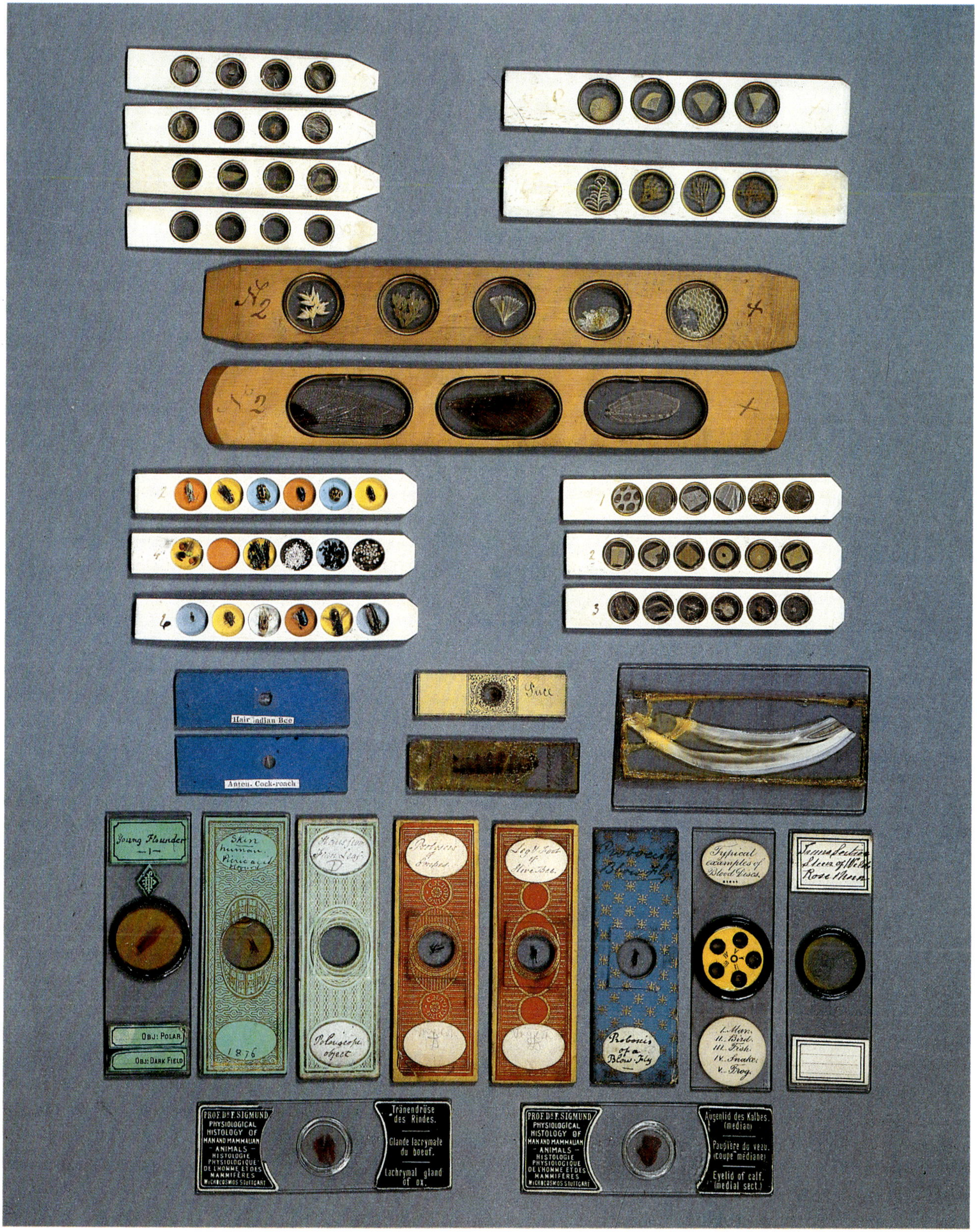
Anten. Cock-roach
Young Flounder
OBJ: POLAR
OBJ: DARK FIELD
1876
Polariscope object
Proboscis of a Blow-Fly
I. Man
II. Bird
III. Fish
IV. Snake
V. Frog
PROF. Dr F. SIGMUND
PHYSIOLOGICAL HISTOLOGY OF MAN AND MAMMALIAN ANIMALS
HISTOLOGIE PHYSIOLOGIQUE DE L'HOMME ET DES MAMMIFÈRES
MICROCOSMOS STUTTGART
Tränendrüse des Rindes.
Glande lacrymale du boeuf.
Lachrymal gland of ox.
PROF. Dr F. SIGMUND
PHYSIOLOGICAL HISTOLOGY OF MAN AND MAMMALIAN ANIMALS
HISTOLOGIE PHYSIOLOGIQUE DE L'HOMME ET DES MAMMIFÈRES
MICROCOSMOS STUTTGART
Augenlid des Kalbes. (median)
Paupière du veau. (coupe médiane)
Eyelid of calf. (medial sect.)

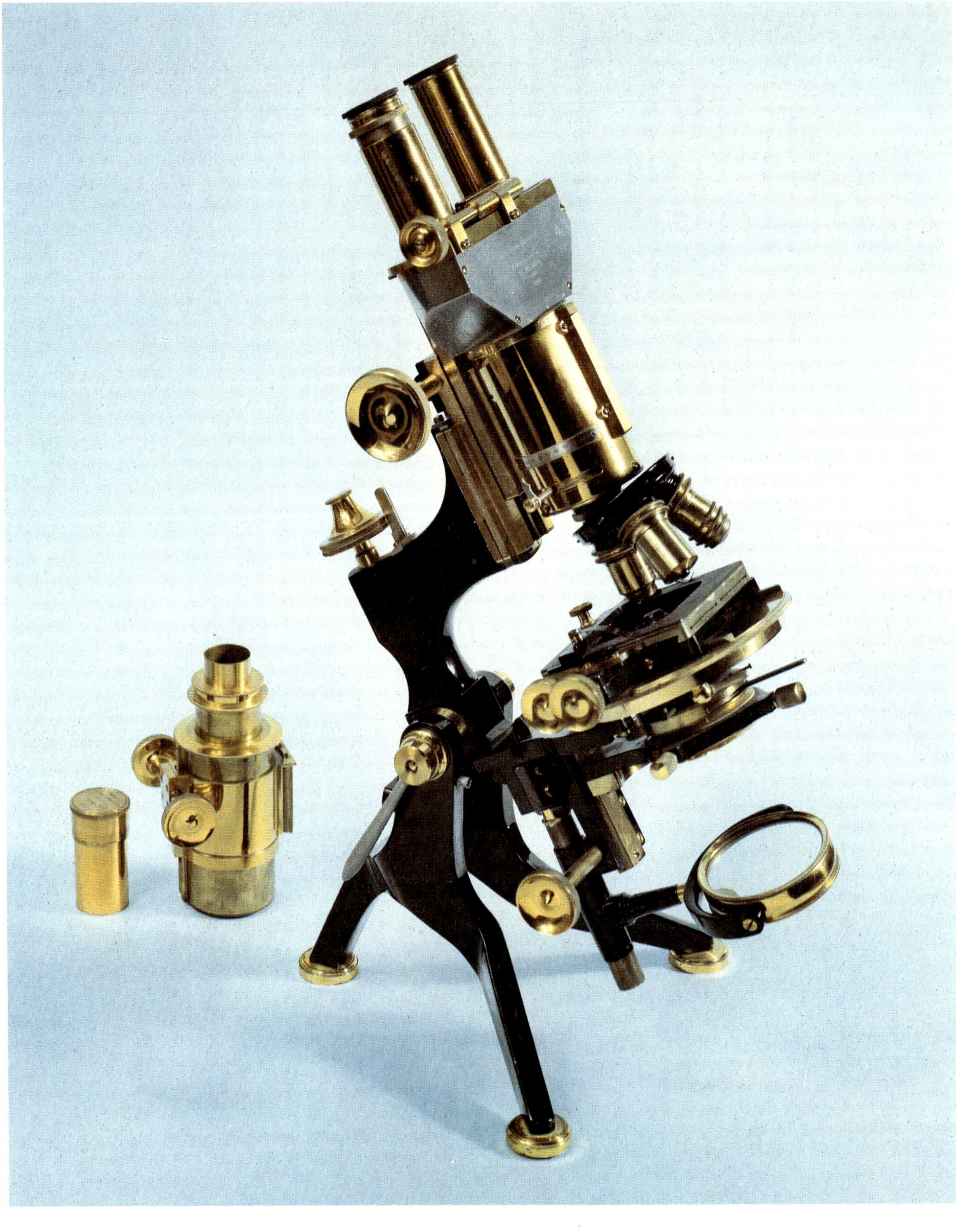

10 Praktische Tips für den Sammler

Das britische Gesetz und die Antiquitäten

Keine gesetzliche Regelung legt fest, von wann an ein Objekt als Antiquität zu gelten hat. Deswegen kann kein Antiquitätenhändler davon abgehalten werden, Dinge zu verkaufen, die in unserem Jahrhundert hergestellt wurden – vorausgesetzt, er behauptet nicht, sie stammten aus einer früheren Zeit.
Das britische Recht schützt den Käufer von Antiquitäten mit der Trade Descriptions Act. Danach begeht derjenige ein Vergehen, der über die Herkunft, die Entstehungsgeschichte oder die Zusammensetzung einer zum Verkauf angebotenen Ware im Verlaufe der geschäftlichen Verhandlungen wissentlich oder unwissentlich falsche Angaben macht. Dies bezieht sich sowohl auf schriftliche als auch auf mündliche Erklärungen, hat jedoch keine Gültigkeit für private Geschäfte. Wenn es sich daher beispielsweise herausstellt, daß ein altes Mikroskop aus den fünfziger Jahren des 19. Jahrhunderts stammt, obwohl es ein Händler als »18. Jahrhundert« angepriesen hatte, dann hat dieser ein Vergehen gegen diese Act begangen.
Die Einhaltung der Trade Descriptions Act wird von dem Trading Standards Department eines jeden County Council Großbritanniens überwacht. Diese Stelle erteilt Rat und Hilfe, wenn der Verdacht besteht, daß beim Verkauf einer Antiquität falsche Angaben gemacht wurden.
Keinen so weitgehenden Schutz genießt man beim Kauf auf Auktionen. Der Versteigerer handelt lediglich im Auftrag des Verkäufers und hat das Recht, die Bedingungen für den Verkauf festzulegen. Dabei lehnt er sowohl für sich selbst als auch für den eigentlichen Verkäufer jede Verantwortung darüber ab, was Fehler und Irrtümer in der Beschreibung, die Echtheit des Stückes, sein Alter, seinen Ursprung sowie seinen Zustand betrifft. Zwar sollten nach der Trade Descriptions Act die Beschreibungen der Objekte in einem Auktions-Katalog so genau wie möglich sein. Trotzdem gehen sie in der Regel nicht besonders weit ins Detail, wenn man einmal von den Katalogen der führenden Auktionshäuser absieht.
Man kann daher allgemein sagen, daß es die Sache des Käufers ist, bei einer Auktion alles gründlich zu prüfen, was er kaufen will. Er muß alsDselbst feststellen, ob das betreffende Stück echt ist, ob es sich in einem guten Zustand befindet und welchen Wert es besitzt.
Für den deutschen Sammler von Mikroskopen existiert leider keine derart weitgehende Möglichkeit, sich gegen unlautere Machenschaften von Händlern abzusichern. Er kann sich aber in entsprechendem Schrifttum Rat und Hinweise für solche Fälle suchen. Hier sei z.B. verwiesen auf den Band »Rechtsberater für den Kunstsammler« von Eilhelm Weimar, erschienen in München, 1980, in der Keyser'schen Verlagsbuchhandlung.
In dieser Broschüre werden unter anderem Tips über die Abgabe von Angeboten, den Kaufvertrag und alle aus vertraglichen Vereinbarungen hervorgehenden Rechtsverhältnisse gegeben. Außerdem werden die wichtigsten Gesetzesvorschriften des BGB für den Kunsthandel, die Verordnungen über gewerbsmäßige Versteigerungen und die Bedingungen für die Versicherung von Kunstgegenständen ausführlich zitiert.

114 Dieses große Forschungsmikroskop ist unter der Bezeichnung »Circuit Stage Van Heurck« bekannt und trägt die Signatur: »W. Watson & Sons Ltd 313 Holborn London 38416«. Die Firma verkaufte es im August 1926. Links daneben steht der Monokulartubus, der anstelle des Binokulartubus angebracht werden kann, der sich gerade am Stativ befindet. Das »Van Heurck«-Mikroskop war das am aufwendigsten ausgestattete Mikroskopmodell, das W. Watson herstellte. In dem Firmenkatalog wurde von dem Gerät behauptet, daß es »alles verkörpere, was dem allerneuesten Stand hinsichtlich der Mikroskop-Konstruktion und -Herstellung entspräche«. Die Watsons schufen dieses Modell nach den Angaben von Dr. Henri van Heurck (1838–1909), dem gefeierten Mikroskopisten aus dem Botanischen Garten Antwerpen. (MHS, Oxford).

Das Einholen eines Experten-Gutachtens

Wer bei der Datierung eines alten Mikroskops Hilfe benötigt oder mehr über den Hersteller erfahren will, wendet sich an ein Museum, und zwar am besten an eines, das eine Sammlung wissenschaftlicher Instrumente besitzt. Zwar ist es den Mitarbeitern eines Museums nicht erlaubt, Objekte selbst zu taxieren. Sie sind jedoch gern zur Hilfe bereit, wenn es lediglich um die Identifikation und die Datierung geht. Selbst wenn man sich anfänglich nur an ein allgemeines Museum wendet, können dessen Mitarbeiter den Kontakt zu einem entsprechenden Spezialisten knüpfen. Es ist besser, eine solche Unterredung vorher zu vereinbaren, als unangemeldet vorzusprechen. Wer eine Anfrage per Post vorzieht, muß neben der Beschreibung ein deutliches Photo sowie einen mit Briefmarke und Anschrift versehenen Briefumschlag beilegen.
Wer selbst ein Mikroskop verkaufen will und Angaben über Wert, Alter und Herkunft benötigt, wendet sich am besten an ein Auktionshaus. Die meisten einschlägigen Erfahrungen besitzen die in London ansässigen Häuser Christie, Phillips und Sotheby, die alle mit wissenschaftlichen Instrumenten handeln. Aber auch in einem solchen Fall muß eine gründliche Beschreibung zusammen mit einem deutlichen Photo übermittelt werden. Für Personen, die lieber selbst den Preis herausfinden wollen, stehen jährlich erscheinende Führer über die aktuellen Preise von Antiquitäten zur Verfügung, die nützliche Informationen liefern können.

Datierung

Wie alt ist es? So lautet die erste Frage, die von den meisten Personen gestellt wird, die eine Antiquität begutachten. Jeder Sammler alter Mikroskope ist wohl zunächst einmal bestrebt, festzustellen, ob ein Instrument datiert ist. Fehlen entsprechende Angaben, sucht man nach Hinweisen, auf Grund derer es sich so genau wie möglich feststellen läßt, aus welcher Zeit das Gerät stammt.
Am sichersten ist die Altersbestimmung, wenn man ein Datum zusammen mit dem Signum des Herstellers finden kann. Ein altes Mikroskop weist nur selten eine Datumsangabe allein auf und die muß nicht unbedingt echt sein. War neben dem Namen auch das Datum zu entdecken, sollte der Sammler ein einschlägiges Buch zu Rate ziehen (siehe Literaturverzeichnis), um festzustellen, was über den Hersteller bekannt ist. Am Ende des 18. Jahrhunderts war die Massenproduktion von Mikroskopen so sehr im Gange, daß die auf den Instrumenten befindlichen Signaturen sich auf den Händler und nicht auf den eigentlichen Hersteller beziehen können. Bei Mikroskopen, die aus der Mitte des 19. Jahrhunderts stammen, ist es sogar wahrscheinlicher, daß das Signum den Namen des Händlers angibt, besonders, wenn in der Adresse eine Provinzstadt aufgeführt ist. In London und in anderen europäischen Hauptstädten bestanden mehrere, gut eingeführte optische Werkstätten. Von diesen bezogen in der Provinz ansässige optische Vertriebsfirmen ihre Lagerbestände und versahen die Instrumente zur Reklame mit ihren eigenen Signaturen. Die Hersteller optischer Instrumente belieferten jedoch nicht nur den Handel, sondern verkauften einen Teil ihrer Produkte auch direkt an den Endabnehmer.

Viele Mikroskope weisen zwar einen Namen und meist auch eine Anschrift auf, ihnen fehlt jedoch das Datum. In solchen Fällen läßt sich aus einschlägigen Büchern ein Zeitraum für die Entstehung des Instrumentes ermitteln. Dabei ist jedoch zu beachten, daß einige der führenden Betriebe, die sich mit der Herstellung optischer Instrumente befaßten, über lange Zeit hinweg Bestand hatten. So war die Familie Adams fast 100 Jahre lang aktiv und das gleiche gilt für die Firma Nachet in Paris. Der Dollondsche Betrieb arbeitete von den fünfziger Jahren des 18. Jahrhunderts bis ins frühe 20. Jahrhundert. Deshalb muß ein mit dem Namen »Dollond« versehenes Mikroskop nicht unbedingt aus dem 18. Jahrhundert stammen, sondern kann genausogut erst im späten 19. Jahrhundert angefertigt worden sein. Nicht selten gibt auch die Art, in der die Signatur ausgeführt ist, dem Experten einen Hinweis auf das Alter. Dabei ist besonders auf das Schriftbild und die Firmenbezeichnung zu achten. So liefern z.B. die verschiedenen Namen, unter denen der von James Smith gegründete Betrieb zu den verschiedenen Zeiten firmierte, bei der Datierung wertvolle Hinweise, denn Smith nahm nach einiger Zeit zunächst Richard Beck und später noch Joseph Beck als Teilhaber auf. Handelt es sich um ein in London hergestelltes Instrument, dann kann die Anschrift einen Hinweis auf das Entstehungsdatum geben. Denn vom Jahre 1767 an begannen Hausnummern die Zeichen zu ersetzen, mit denen die einzelnen Geschäftsbetriebe ursprünglich gekennzeichnet waren. So wird die Adresse von Benjamin Martin im Jahre 1767 zum ersten Male mit »Fleet Street 171« angegeben. Im Jahre 1857 erfolgte dann die Unterteilung Londons in zehn Postbezirke, wie S.W., E.C. usw. Außerdem ergänzte man nach 1912 die Buchstaben noch durch Zahlen, eine Praxis, die sich bis zur Einführung des Post-Codes hielt.
Geschäftskarten oder Etiketten, die im Inneren von Mikroskopschränkchen stecken, bieten eine weitere

Möglichkeit zur Identifikation des Herstellers oder Händlers. Die Geschäftskarten waren besonders im 18. Jahrhundert eine gern benutzte Form der Reklame. Neben Angaben über Name und Anschrift des Herstellers zeigten die oft sehr dekorativ gestalteten Karten den gesamten Lieferumfang der Firma. Das Firmenzeichen des Unternehmens stach auf einer solchen Karte natürlich besonders deutlich hervor, wie z.B. die bekannten gekreuzten Dolche von Edmund Culpeper oder der Archimedes mit den Brillen von John Marshall.

Die bekannten Instrumentenhersteller benutzten gedruckte Prospekte von Mikroskopen, die bestimmte Neuerungen aufwiesen, sowie Preislisten als eine besonders wirkungsvolle Art der Reklame. Solche Druckschriften wurden manchmal zusammen mit bestimmten Instrumenten aufgefunden und sind von besonderem Interesse. Einige führende Hersteller des 18. Jahrhunderts, darunter besonders George Adams und Benjamin Martin, waren Autoren und Verleger in eigener Person. Sie veröffentlichten Bücher und Artikel über die Mikroskopie. Alte Kataloge, Druckschriften, Anzeigen und einschlägige Artikel haben alle ihren Wert bei der Datierung und Identifizierung alter Mikroskope.

Datierung auf Grund von Rohstoffen und Gestaltungsmerkmalen

Wie kann man das ungefähre Herstellungsdatum eines Mikroskops ermitteln, das kein Datum aufweist, dem der Name des Herstellers fehlt und dem kein gedrucktes Material beiliegt? Das ist der Punkt, an dem Kenntnisse über Geschichte und Entwicklung des Mikroskops besonders wichtig sind. Die Form des Instrumentes sowie die Rohstoffe, aus denen es besteht, können bei richtiger Interpretation eine Altersangabe mit einer Schwankungsbreite von nur wenigen Jahren ermöglichen.

Die vorangegangenen Kapitel gaben einen Überblick über die Veränderungen im Aussehen des einfachen und des zusammengesetzten Mikroskops, und zwar vom Erscheinen der »Micrographia« an bis zum Wechsel des 19. zum 20. Jahrhundert. Im folgenden soll dagegen in groben Zügen dargelegt werden, aus welchen Rohstoffen man die Mikroskopstative baute.

1. Holz. Viele Mikroskopstative, die vor dem Jahre 1740 gefertigt wurden, sowie alle Nürnberger Mikroskope bestanden vollständig aus Holz. Holz diente weiterhin als Rohstoff zur Herstellung der Aufbewahrungsschränkchen für die Instrumente. Handelt es sich dabei um Mahagoniholz, läßt das auf ein Entstehungsdatum nach 1740, mit großer Wahrscheinlichkeit sogar auf ein Gerät aus dem späten 18. oder dem frühen 19. Jahrhundert schließen. Denn im Jahre 1733 wurde der Einfuhrzoll für aus Westindien importiertes Mahagoniholz stark ermäßigt, so daß es in der Folgezeit im größeren Umfange bei der Schrankherstellung Verwendung fand. Zuvor fertigte man hölzerne Mikroskope aus Laubhölzern, wie Nußbaum- oder Eichenholz. Für den Bau von Mikroskopschränkchen kam gegen Ende des 19. Jahrhunderts das leichtere afrikanische Mahagoniholz allgemein in Gebrauch.

2. Metalle. Messing ist das beliebteste Metall für die Mikroskopherstellung. Im Jahre 1740 fertigte John Cuff das erste Mikroskopstativ aus Messing, bei dem nur noch der Fuß aus Holz bestand. Spätere Stative baute man vollständig aus Messing, bis es in der zweiten Hälfte des 19. Jahrhunderts teilweise durch emailliertes Eisen ersetzt wurde. Das Messing selbst liefert wenig Hinweise über das Herstellungsdatum eines Mikroskops, auch wenn man auf moderne analytische Untersuchungsmethoden zurückgreift. So muß man sich bei der Datierung mehr auf die Formgebung verlassen. In seltenen Fällen wurden Mikroskopstative aus Silber gebaut. Jedoch weisen derartige Instrumente keinen Feingehaltsstempel auf, der auf das Alter schließen lassen könnte.

3. Leder von Säugetieren und Fischhaut. Die Tuben der aus dem 17. und 18. Jahrhundert stammenden Mikroskope bestanden oft aus Pappe und waren entweder mit Pergament, verziertem Säugetierleder oder Körnerleder (Rochenleder) überzogen. Mit dem Begriff »Körnerleder« wird die Haut vom Stechrochen bezeichnet, deren Schuppen geschliffen und deren Oberflächen poliert und gefärbt sind. Wertvolle Hinweise über das Herstellungsdatum liefern die goldenen Verzierungen. Man hat nämlich festgestellt, daß diese nicht einzelnen Herstellern, sondern bestimmten Stilepochen zuzuordnen sind. Aus diesen läßt sich auf die Entstehungszeit schließen. Dabei ist zu vermuten, daß die Tuben bereits in fertiger Form von darauf spezialisierten Tubusherstellern bezogen wurden.

4. Elfenbein und Knochen. Diese beiden Materialien wurden besonders gern für die Herstellung der mikroskopischen Objektträger verwendet, daneben aber auch für Schraubgewinde sowie für die Handgriffe, mit denen man die einfachen Mikroskope des 18. Jahrhunderts hielt. Während Elfenbein bis zum Ende des 18. Jahrhunderts für den Mikroskopbau in Gebrauch war, dienten Knochen sogar noch in der Viktorianischen Zeit als Rohstoff zur Anfertigung von Zubehörteilen billiger Mikroskope. Manchmal ist es möglich, die beiden Stoffe voneinander zu unterscheiden. So sind auf Querschnitten durch Elefanten-Elfenbein Wachstumsringe zu erkennen, während der mehr cremefarbene Knochen oft winzige dunkle Flecken aufweist.

5. Schranküberzüge. Das Material, mit dem die Mikroskopschränkchen überzogen sind, kann Hinweise über Herstellungsdatum und Ursprungsland liefern. So wurde für diesen Zweck in Frankreich besonders gern Seide benutzt, was in England kaum jemals der Fall war. Aus Deutschland stammende Instrumentenkästchen sind oft mit Sämischleder überzogen. Während die englischen Hersteller des 18. Jahrhunderts gern Friesstoff und grünen Samt verarbeiteten, gaben sie zu den Zeiten der Königin Viktoria und des Königs Eduard VII. blauen und weinroten Stoffen den Vorzug.

6. Schlösser und Schlüssel. Die an den Mikroskopschränkchen befindlichen Schlösser und Schlüssel können ebenfalls bei der Datierung helfen. Vor der Erfindung der Schlösser mit der hebenden Falle im Jahre 1778 wiesen die Schlüssel an der Unterkante ihres Bartes einen Abschnitt auf, um in das Schloß eingeführt werden zu können. Aus dem 18. Jahrhundert stammende Schlüssel zeichnen sich meist durch dünne, bogenförmige Handgriffe aus, deren Gestalt sich aus einem Stück grob zusammengedrillten Drahtes herleiten läßt. Nachdem die Schlösser mit der hebenden Falle in Gebrauch gekommen waren, weist die Unterkante des Bartes des Schlüssels Einschnitte auf. Joseph Bramah erfand das nach ihm benannte Schloß und erhielt im Jahre 1784 das erste Patent darüber. Bramahschlösser werden auch heute noch hergestellt. Deren Schlüssel haben einen feinen, glatten Bart und tragen am Ende ihres Schaftes Zacken.

Pflege

Wenn man mit einem alten Mikroskop hantiert, muß man es sich zur Gewohnheit machen, das Gerät so auf einen mit einem weichen Tuch bedeckten Tisch zu stellen, daß eventuell herabfallende Teile möglichst nicht beschädigt werden. Wichtig ist weiterhin, alle abnehmbaren Teile in der richtigen Reihenfolge beiseite zu legen, damit sie anschließend wieder leicht zusammengebaut werden können. Besondere Sorgfalt muß man Linsen angedeihen lassen, die zu Instrumenten gehören, die aus der Zeit nach 1840 stammen. Denn hier sind die Linsen in bestimmten, genau festgelegten Abständen voneinander montiert, weswegen ihre Position nicht verändert werden darf. Hingegen kann man die Linsen aus älteren Instrumenten zum Zwecke der Reinigung ohne weiteres ausbauen.
Ein neuer Besitzer säubert das Mikroskop gewöhnlich erst einmal und setzt es wieder instand. Das sollte jedoch nur mit der größten Vorsicht geschehen und möglichst erst dann, wenn der Rat eines Fachmannes eingeholt wurde. Zum Reinigen von Metallteilen dürfen keine Scheuermittel benutzt werden, denn sie schleifen die ursprüngliche Lackschicht ab, während eine erneuerte Lackierung dem Gerät ein zu modernes Aussehen verleiht. Wer altes Messing anfassen will, sollte Handschuhe aus Baumwolle tragen. Denn es besteht die Gefahr einer gewissen Korrosion durch die Finger, wenn Salze, die sich auf der Haut befinden, mit dem blanken Metall reagieren. Bei hölzernen Instrumenten und Mikroskopschränkchen können sich verleimte Stellen lösen. Das ist besonders dann der Fall, wenn die Stücke in trockenen, beheizten Räumen aufbewahrt wurden. Dann muß man den alten Leim sorgfältig abkratzen und ihn durch frischen Knochen-oder Fischleim ersetzen. Für derartige behelfsmäßige Reparaturen darf keinesfalls ein gewöhnlicher Alleskleber benutzt werden, da dieser Farben und Lacke von den Oberflächen ablöst. Das beste, was man tun kann, ist, das ganze Instrument in einen Plastikbeutel zu stecken und es darin so lange aufzubewahren, bis eine fachgerechte Reparatur ausgeführt werden kann.

Deutsche und österreichische Mikroskophersteller aus dem 19. Jahrhundert

In Deutschland wurde die optische Industrie durch den Pfarrer Johann Heinrich Duncker (1767–1843) begründet. Er eröffnete im Jahre 1800 in der westlich von Berlin gelegenen Stadt Rathenow zur Linderung der damals dort herrschenden Arbeitslosigkeit eine Werkstätte, die sich zunächst mit der Herstellung von Brillen befaßte. Diese Firma wurde später von Dunckers Enkel Emil Busch (1820 bis 1888) übernommen und produzierte in der Folgezeit auch Mikroskope.

In Kapitel 8 sind bereits die Verdienste von Joseph Fraunhofer (1787–1826) erwähnt worden, die er sich beim Mikroskopbau erworben hat. Sein Nachfolger war Georg Merz (1793–1867), über dessen Teilnahme an der Weltausstellung des Jahres 1851 schon berichtet wurde. In Berlin begann im Jahre 1819 Schiek zusammen mit Pistor mit dem Bau von Mikroskopen. Beide Partner trennten sich allerdings schon bald wieder voneinander. Während Schiek allein weiter firmierte und sein Betrieb bis gegen Ende des Jahrhunderts Bestand hatte, verband sich Pistor zunächst mit Hirschmann und später mit Martins. Beide Firmen existierten aber nur kurze Zeit. Zu den bekannteren deutschen Mikroskopbauern ist auch Friedrich Adolf Norbert (1806 bis 1881) aus Barth in Pommern zu zählen. Er stellte in Deutschland als erster Objektive mit Korrektionsfassung her; jedoch mußten sich seine Stative viel Kritik gefallen lassen. Daneben bestanden noch einige weitere, weniger bedeutende Werkstätten.

Keiner dieser deutschen Betriebe lieferte aber wirklich erstklassige Geräte. Wer höchste Qualität benötigte, mußte auf ausländische Produkte zurückgreifen. Darunter genossen die von Simon Plössl (1794 bis 1868) in Wien gefertigten Mikroskope viel Ansehen. Plössl produzierte seit 1830 achromatische Mikroskopobjektive und seine Stative ähnelten denen von Jones und Adams. Außerdem lieferte er ebenso wie Norbert frühzeitig Objektive mit Korrektionsfassung. Noch mehr Anklang fanden die von Georges Oberhäuser (1798–1868) in Paris gebauten Mikroskope. Denn die ausgezeichnete Qualität der aus dieser Firma stammenden Objektive war allgemein bekannt und außerdem erfreute sich das von Oberhäuser entwickelte Mikroskopstativ mit dem Hufeisenfuß auf Grund seiner Preiswürdigkeit und praktischen Handhabung großer Beliebtheit. Von den ausländischen Produkten wurden weiterhin die Objektive des Italieners Amici (1786–1863) hoch geschätzt, während es an seinen Stativen viel auszusetzen gab. Den deutschen Mikroskopisten war natürlich auch die Leistungsfähigkeit der in Kapitel 7 besprochenen britischen Mikroskope bekannt. Diese kamen aber wegen ihres ungewöhnlich hohen Preises und der umständlichen Handhabung nur wenig in Gebrauch.

Jedenfalls gab es in Deutschland auf dem Gebiete des Mikroskopbaus viel nachzuholen. Das geschah vornehmlich durch zwei Betriebe, die beide in den vierziger Jahren des vorigen Jahrhunderts gegründet wurden. Der eine davon bestand in Jena und gehörte dem Mechaniker Carl Zeiss. Dieser erhielt im Jahre 1846 die »Conzession zur Fertigung und zum Verkauf mechanischer optischer Instrumente und zur Errichtung eines Ateliers für Mechanik«. Die andere, für den deutschen Mikroskopbau richtungsweisende Firmengründung wurde im Jahre 1849 durch Carl Kellner in Wetzlar vollzogen. Sie bildete die Keimzelle für die späteren Leitz-Werke.

Bleiben wir zunächst bei Carl Zeiss (1816–1888). Er war als Sohn eines Kunstdrehermeisters in Weimar geboren worden und kam nach dem Besuch des Gymnasiums zu dem Universitätsmechaniker Dr. Friedrich Körner in Jena in die Lehre. Nach seinen Wanderjahren, die ihn nach Darmstadt, Stuttgart, Wien und Berlin führten, wollte sich Zeiss in seiner Vaterstadt Weimar selbständig machen, erhielt jedoch keine Erlaubnis dazu. Deshalb ließ er sich in Jena nieder und befaßte sich dort u.a. mit dem Bau einfacher Mikroskope. Diese fanden großen Anklang und wurden besonders von dem Botaniker M. Schleiden hoch gelobt. Zeiss konnte im Laufe der

Zeit ca. 2000 dieser Geräte verkaufen. Ab 1860 nahm er auch die Fertigung zusammengesetzter Mikroskope auf, die sich ebenfalls gut einführten. Zeiss erhielt für seine Leistungen mit der Verleihung von Auszeichnungen und der Ernennung zum Hofmechanikus auch äußere Anerkennungen. Trotzdem war er mit seinen bisherigen Erfolgen noch nicht zufrieden. Das meiste hatte er an der damals üblichen Art der Optikfertigung auszusetzen, denn er schreibt:

». . . habe auch viel mit anderen Gattungen von Mikroskopen experimentiert, glaube aber, daß im gewöhnlichen Compositum es nicht viel weiter gebracht werden kann und habe etwas Abscheu vor dem ewigen bei uns Optikern gebräuchlichen Probieren. Denn diese Leute wie Oberhäuser probieren aus Hunderten von Linsen ein gutes Objektiv zusammen.« Man bezeichnete diese Art der Optikfertigung als »pröbeln«. Zeiss hatte die Absicht, Objektive zu bauen, deren optimale Linsenradien und -abstände vorher durch Rechnung festgelegt worden waren. Diesen Vorsatz wollte er schon kurz nach Gründung seines »Ateliers« in die Tat umsetzen und er wandte sich deshalb an den Mathematiker Friedrich Wilhelm Barfuß (1809–1854), der bereits für seinen Lehrmeister Körner gearbeitet hatte. Jedoch führte diese Kooperation zu keinen greifbaren Ergebnissen. Zeiss verfolgte seinen Plan trotzdem weiter und versuchte es später mit dem Physiker Ernst Abbe (1840–1905), der an der Universität Jena als Privatdozent wirkte. Dieser stammte aus Eisenach und war Sohn eines Spinnmeisters. Nach dem Studium an den Universitäten Jena und Göttingen und einer kurzen Tätigkeit als Dozent in Frankfurt am Main habilitierte er sich 1863 in Jena. Seine Tätigkeit bei Zeiss begann im Jahre 1866. Als erstes schuf Abbe neue Konstruktionsunterlagen für die sechs seit 1861 gefertigten achromatischen Mikroskopobjektive, so daß sie in Teilarbeit hergestellt werden konnten. Das führte zu einer gleichmäßigeren Qualität bei gleichzeitiger Senkung der Produktionskosten. Diese neuen Objektive wurden seit 1869 geliefert und kosteten teilweise bis zu 25 % weniger als ihre Vorgänger. Im Jahre 1869 entwickelte Abbe außerdem einen Kondensor, der 1872 auf den Markt kam und unter der Bezeichnung »Abbescher Beleuchtungsapparat« berühmt werden sollte. Als nächstes hatte Abbe neue Wasserimmersionsobjektive zu berechnen. Denn trotz aller Bemühungen war es Carl Zeiss nicht gelungen, durch Pröbeln gleich gute Objektive herzustellen, wie sie Hartnack in Paris lieferte. Diese Aufgabe bereitete Abbe zunächst allergrößte Schwierigkeiten. Erst nach Entdeckung neuer Gesetzmäßigkeiten beim Abbildungsvorgang (z.B. der Sinusbedingung) ergaben die Berechnungen zufriedenstellende Resultate. Im Anschluß daran rechnete Abbe auch die schwächeren Objektive neu, die er bereits vor Entdeckung der Sinusbedingung konstruiert hatte. Es waren das die Objektive mit der Bezeichnung aa, a, A, AA, B, BB, C, CC und E. Bei der Entwicklung der Wasserimmersionsobjektive erkannte Abbe die Bedeutung der Beugungserscheinungen bei der Bildentstehung im Mikroskop, was zur Formulierung der Abbeschen Mikroskoptheorie führte. Allerdings hatte dazu bereits Joseph Fraunhofer wichtige Vorarbeiten geliefert.

Eine weitere wichtige Entwicklung war die homogene Ölimmersion. Die ersten Immersionsobjektive hatte der bereits mehrfach erwähnte Italiener Amici im Jahre 1840 hergestellt. Es handelte sich dabei um Wasserimmersionen. Zwar probierte er später auch Öl als Immersionsmedium aus, kam aber davon wieder ab, weil sich Wasser leichter von den Objektivfrontlinsen abwischen läßt. Gegen Ende der siebziger Jahre befolgte Abbe einen Rat des Engländers Stevenson, zur Milderung bestimmter Abbildungsfehler bei gleichzeitiger Verbesserung der Auflösung ein Immersionsmedium zu verwenden, das den gleichen Brechungsindex wie das Deckglas aufweist. Dazu waren zunächst lange Versuchsreihen erforderlich, bis sich unter Tausenden von Flüssigkeiten schließlich das eingedickte Zedernöl für diesen Zweck am brauchbarsten erwies. Carl Zeiss brachte die Ölimmersionsobjektive im Jahre 1879 erstmalig auf den Markt.

Bei der Entwicklung seiner Objektive empfand es Abbe als einen spürbaren Mangel, daß es in Deutschland keine Glashütte gab, die gutes optisches Glas herstelte. Man war auf Importware, vornehmlich aus Paris und Birmingham angewiesen und hatte über schleppende Lieferung sowie unzulängliche Kennzeichnung der Gläser zu klagen. Außerdem waren zur Verbesserung der Linsensysteme Glassorten erforderlich, die noch gar nicht angeboten wurden. Deshalb hielt es Abbe für erforderlich, in Deutschland eine eigene Fertigung für optisches Glas aufzubauen, und fand in Otto Schott (1851–1935) den Mann, der diese Idee in die Tat umsetzte. Dieser war in Witten als Sohn eines Walzenmeisters und späteren Teilhabers einer Glashütte geboren worden. Er studierte in Aachen, Würzburg und Leipzig und richtete sich nach vorübergehender Tätigkeit in der chemischen Industrie in Witten ein privates Glaslabor ein. Dort entwickelte Schott neue Glassorten, was zum Kontakt mit Abbe führte. Dieser bewog ihn 1882 zur Übersiedlung nach Jena, wo ihm die Zeiss-Werke mit Unterstützung des preußischen Staates ein glastechnisches Labor einrichteten, aus dem später die Firma Schott

u. Genossen hervorging. Nachdem man sich dort zunächst nur mit der Neuentwicklung von Gläsern befaßt hatte, wurde später auch deren Produktion aufgenommen. 1886 erschien das erste Preisverzeichnis mit 24 verschiedenen Glassorten.

Zu den bedeutendsten Neuentwicklungen, die Abbe in den achtziger Jahren schuf, gehören die apochromatischen Mikroskopobjektive. Sie erzielten eine bis dahin unerreichte Abbildungsleistung, weil einige ihrer Linsen aus Flußspat bestanden und teilweise Kittglieder aus drei Linsen benutzt wurden. Apochromate bot Zeiss erstmalig 1886 in einer Preisliste an, die den folgenden Titel trug: »Neue Mikroskop-Objective und Oculare aus Special-Gläsern des Glastechnischen Laboratoriums (Schott u. Gen.)«. Der teuerste Apochromat mit der numerischen Apertur 1,40 und der Brennweite 3 mm kostete damals 550,— Mark. Neu waren auch die Kompensationsokulare, die zusammen mit den Apochromaten benutzt werden mußten. Ein weiterer Objektivtyp mit besonders hoher numerischer Apertur, nämlich die Monobromnaphtalinimmersion (nA = 1,60) erschien 1889, konnte allerdings nur zur Untersuchung anorganischer Objekte benutzt werden. Daneben hat Abbe noch eine Vielzahl von Meß- und Prüfeinrichtungen (z.B. die Abbesche Testplatte, das Apertometer oder das Refraktometer) sowie Zubehörteile zum Mikroskop geschaffen (z.B. den Abbeschen Zeichenapparat, einen Binokulartubus oder das Spektraokular). Weite Verbreitung fand das Binokulare Mikroskop, das von dem Amerikaner Greenough entwickelt und von Zeiss erstmalig in Serie gefertigt wurde. In der von den Zeiss-Werken 1898 herausgegebenen 31. Ausgabe des Kataloges über »Mikroskope und Mikroskopische Hilfsapparate« sind alle Geräte, die in der Firma erfunden oder wesentlich weiter entwickelt wurden, mit einem Sternchen gekennzeichnet. Mehr als 40 Positionen tragen dieses Merkmal.

Abbe war bereits im Jahre 1875 Teilhaber der Firma geworden und führte nach dem Tode von Carl Zeiss (1888) zunächst mit dessen ältestem Sohn Roderich den Betrieb weiter. Letzterer schied jedoch schon im folgenden Jahr aus dem Unternehmen aus. So wurde Abbe zunächst Alleininhaber der Zeiss-Werke und führte sie 1891 in eine Stiftung über.

Der zweite Betrieb, der den deutschen Mikroskopbau zur Weltgeltung führen sollte, ging – wie schon gesagt – aus dem »Optischen Institut« hervor, das im Jahre 1849 in Wetzlar von Carl Kellner (1826–1855) gegründet wurde. Dieser war als Sohn eines Eisenhütten-Verwalters in Hirzenhain in Hessen geboren worden und ging nach dem Besuch der Lateinschule bei dem Gießener Mechaniker Sartorius in die Lehre, während er sich gleichzeitig in Mathematik weiterbildete. Anschließend arbeitete er in Hamburg in der Werkstätte von Repsold, der astronomische Instrumente herstellte. Kellners nächste Station war Braunfels, wo er beruflich ungebunden im Hause seiner dorthin verzogenen Eltern als 21jähriger für das Okular eine neue Linsenkombination entwikkelte. Sie bestand aus einer achromatischen Augenlinse und einer bikonvexen Feldlinse und lieferte ein ungewöhnlich großes, randscharfes Bild. Kellner verfaßte über dieses »orthoskopische Okular« eine Abhandlung, die bei Vieweg in Braunschweig im Druck erschien. Außerdem gründete er besagtes Optisches Institut, um u.a. sein Okular herstellen und verkaufen zu können. Ein Stück davon gelangte nach Göttingen zu dem Mathematiker Gauss, der sich sehr anerkennend darüber äußerte. Kellner hatte dieses Okular zunächst zur Benutzung an Fernrohren vorgesehen und wollte sich ursprünglich auch vornehmlich dem Fernrohrbau widmen. Da jedoch die Nachfrage nach Mikroskopen größer war, nahm er 1851 die Mikroskopfertigung auf. Deren optische Qualität wurde allgemein gelobt, wenn es auch als ein gewisser Nachteil empfunden wurde, daß sie nur mit schwächeren bis mittleren Objektiven bestückt wurden. Nach Kellners Tod übernahm einer seiner Gehilfen, der aus Bebenhausen bei Tübingen stammende Friedrich Christian Belthle (1829–1869) die Werkstätte. Dieser schuf selbst kaum Neues, war aber redlich bemüht, den Betrieb auf der alten Höhe zu halten. Natürlich zweifelte man zunächst an den Fähigkeiten des neuen Firmenleiters. Deshalb prüfte eine aus Gießener Professoren zusammengesetzte Kommission einige von Belthle selbst hergestellte Mikroskope samt Optik und kam zu dem Schluß, daß die neuen Objektive qualitätsmäßig nur geringfügig hinter den original Kellnerschen zurückstünden. Dafür wurden die von Belthle gebauten Stative günstiger als die seines Vorgängers beurteilt. Außerdem wurde der neue Inhaber gelobt, weil er seine Mikroskope auf Wunsch mit Zylinderblenden versah. Nachdem von 1857 bis 1861 H. Rexroth als Teilhaber in der Firma wirkte, nahm Belthle 1865 einen neuen Partner auf. Dieser war bereits im Jahr zuvor in den Betrieb als Gehilfe eingetreten und hieß Ernst Leitz (1843–1920). Er stammte aus der südbadischen Stadt Sulzburg, wo er als Sohn eines Realschullehrers geboren wurde.

Nach einer Mechanikerlehre in Pforzheim bei dem Instrumentenbauer Christian Ludwig Oechsle und anschließenden Aufenthalten in Zürich und Genf sowie einem Abstecher nach Frankreich arbeitete Leitz bei Matthäus Hipp in Neuchâtel, wo er die Serienherstellung von Präzisionsinstrumenten kennenlernte. Nach dem Tode von Belthle wurde Leitz Alleininhaber der Wetzlarer Werkstatt. Er verbesserte zunächst die Mikroskopstative und glich ihre Form ebenso wie Zeiss dem Oberhäuserschen Hufeisenstativ an. Außerdem verließ Leitz die bis dahin übliche Einzelanfertigung von Geräten und ging zur modernen Serienproduktion über, wie er sie bei Hipp in der Schweiz gesehen hatte. Das führte zu einer fühlbaren Senkung der Lieferzeiten, die zuvor viele Monate bis Jahre betrugen. Im Jahre 1882 brachte Leitz seine eigene Ölimmersion mit der Brennweite 1/12″ heraus. Dieses Objektiv erfreute sich wegen seiner guten Qualität und seiner Preiswürdigkeit einer solchen Beliebtheit, daß von 1890 bis 1905 ca. 33000 Stück davon verkauft wurden. Leitz erkannte auch die Vorzüge der gerechneten Optik und gründete deshalb eine wissenschaftliche Abteilung. Deren erster Leiter war der 1887 eingestellte Mathematiker Carl Metz (1861–1941). Im gleichen Jahr erschienen bei Leitz eigene Apochromate unter der Bezeichnung »Pantachromate«.

Eine weitere Firma, die sich mit dem Bau von Mikroskopen beschäftigte und die Weltgeltung erlangen sollte, wurde 1876 in Wien von Carl Reichert (1851–1922) gegründet. Er war ein Schwager von Ernst Leitz und baute zunächst Mikroskope, die sich an Leitzsche Vorbilder anlehnten.

In Wetzlar stellten neben Leitz noch Engelbert u. Hensold sowie W. u. H. Seibert Mikroskope her. Die Brüder Seibert hatten den von Gundlach in den sechziger Jahren in Berlin-Charlottenburg gegründeten Betrieb übernommen und ihn 1873 nach Wetzlar verlegt. Sie firmierten zunächst zusammen mit dem Kaufmann Krafft und lieferten im Jahre 1879 u.a. ein Mikroskop samt Ölimmersion an Robert Koch nach Wollstein, der dieses Instrument bei der Erforschung des Milzbrandes benutzte. Die Firma W. u. H. Seibert wurde 1917 in die Leitz-Werke eingegliedert.

In Göttingen machte sich Rudolf Winkel (1827 bis 1905) im Jahre 1857 selbständig und baute seit 1866 Trichinenmikroskope und vier Jahre später auch größere Mikroskope. Bekannt wurde Winkel durch seine Fluoritobjektive. Sie enthielten wie die Apochromate teilweise Flußspatlinsen, waren aber weniger aufwendig gebaut und deshalb billiger. Trotzdem lieferten sie erheblich bessere Bilder als die Achromate. 1911 wurde Zeiss Hauptgesellschafter der Firma.

Außer den bereits genannten bestanden in Deutschland in den achtziger Jahren noch die folgenden Firmen, die sich mit dem Bau von Mikroskopen befaßten: L. Bénèche in Berlin (zuvor Bénèche u. Wasserlein); E. Hartnack in Potsdam (wurde bereits in Kapitel 8 näher besprochen); B. Hasert in Eisenach; O. Himmler in Berlin (zuvor Himmler u. Bartling); J. Klönne und G. Möller in Berlin; Schmidt und Haensch in Berlin; H. Schröder in Hamburg; P. Waechter in Berlin; R. Wasserlein in Berlin.
In Wien bestand der Betrieb Plössls auch nach dessen Tod (1868) unter der Bezeichnung S. Plössl & Comp. zunächst noch weiter und wurde von dem k.k. Hofoptiker-Mechaniker Wagner geleitet.

Museen und Sammlungen

Über die Museen der ganzen Welt informiert: »The Directory of Museums« von Kenneth Hudson und Ann Nicholls (Macmillan, London 1975). Durch die Museen Großbritanniens führt zuverlässig: »Museums and Galleries in Great Britain and Ireland«. Dieses Werk wird von den ABC Historic Publications, Dunstable, Bedfordshire, alljährlich neu herausgegeben.

Belgien
Henri van Heurck Museum, Koninklijke Maatschappij voor Dierkunde van Antwerpen (Henri van Heurck-Museum der Königlichen Zoologischen Gesellschaft von Antwerpen), Antwerpen.

Bundesrepublik Deutschland
Deutsches Museum, Museumsinsel 1, 8000 München 22. (U.a. mit einer kleinen Ausstellung zur Geschichte der Mikroskopie).

DDR
Optisches Museum der Carl-Zeiss-Stiftung, DDR-69 Jena, im Botanischen Garten an der Goethe-Allee.

Frankreich
Conservatoire des Arts et Métiers (Gewerbemuseum), 292 rue Saint Martin, F-75016 Paris.

Großbritannien
Whipple Museum of the History of Science (Whipple Museum für die Geschichte der Naturwissenschaften), Free School Lane, Cambridge, CB 2 3 RH.

The Royal Scottish Museum (Das Königliche Schottische Museum), Chambers Street, Edinburg EH 1 1 JF.

The Science Museum (Das Naturwissenschaftliche Museum), South Kensington, London SW 7 2 DD.

The Wellcome Museum of the History of Medicine. The Science Museum (Das Wellcome Museum für die Geschichte der Medizin. Das Naturwissenschaftliche Museum), South Kensington, London SW 7 2 DD.

North Western Museum of Science and Industry (Museum des Nordwestens für Naturwissenschaften und Industrie), 97 Grosvernor Street, Manchester MI 7 HF.

Museum of the History of Science (Museum für die Geschichte der Naturwissenschaften), Broad Street, Oxford OX 1 3 AZ. The Royal Microscopical Society Collection. Museum of the History of Science (Die Sammlung der Königlichen Mikroskopischen Gesellschaft im Museum für die Geschichte der Naturwissenschaften), Broad Street, Oxford OX 1 3 AZ.

Italien
Museo di Storia della Scienza (Museum für die Geschichte der Naturwissenschaften), Piazza dei Giudici, I-50112 Florenz.

Niederlande
Teylers Museum, Spaarne 16, Haarlem.
Museum Boerhave, Steenstraat 1a, 2312 BS Leiden.
Utrechts Unversiteits Museum (Museum der Universität Utrecht), Trans 8, Utrecht.

Schweden
Tekniska Museet (Technisches Museum), Museivagen 7, S-11527 Stockholm.

Schweiz
Musée de L'Histoire des Sciences (Museum für die Geschichte der Naturwissenschaften), 128 rue de Lausanne, Genf.

Tschechoslowakei
Národni technické muzeum (Nationales Techni-

sches Museum), Kostelni 42, 17078 Prag 7 Holešovice.

UdSSR
Polytechnitscheskij museij (Polytechnisches Museum), 3 Nowaja Ploschtschad, Moskau.

USA
The Moody Medical Library Microscope Collection (Die Mikroskop-Sammlung der Moodyschen Medizinischen Bibliothek). The University of Texas Medical Branch, Galveston, Texas 77550.

The Billings Microscope Collection, Medical Museum of The Armed Forces Institute of Pathology (Die Billingsche Mikroskop-Sammlung im Medizinischen Museum des Pathologischen Instituts der Streitkräfte), Washington D.C. 20306.

National Museum of History and Technology (Nationales Museum für Geschichte und Technologie), Smithsonian Institution, Washington D.C. 20560.

Museen und Sammlungen in der Bundesrepublik Deutschland, in denen u.a. Objekte aus dem Bereich der Mikroskopie ausgestellt sind:

Benediktbeuren. Historische Fraunhofer-Glashütte. Fraunhoferstr. 126. 8174 Benediktbeuren. Gezeigt werden Glasproben, Instrumente aus der Werkstätte von Utzschneider, Reichenbach und Fraunhofer sowie eine optisch-feinmechanische Werkstätte.

München. Deutsches Museum, s. Bundesrepublik Deutschland.

Oberkochen. Optisches Museum. Am Ölweiher 15. 7082 Oberkochen. Gezeigt werden Brillen, Fernrohre, Kameras, Mikroskope und andere optische Instrumente. Außerdem verschiedene Tonbildschauen.

Wetzlar. Werksmuseum der Firma Ernst Leitz Wetzlar GmbH, Ernst-Leitz-Straße, 6330 Wetzlar/Lahn. Gezeigt werden Mikroskope der Firma Ernst Leitz sowie anderer Hersteller, die Entwicklung der Leica u.a.

Witten. Heimatmuseum der Stadt – Märkisches Museum der Stadt. Husemannstr. 12. 5810 Witten/T. In dem sehr vielseitigen Museum sind u.a. Schmelztiegel und Glasproben von Otto Schott ausgestellt.

Der hier folgende Führer informiert über praktisch alle Museen in der Bundesrepublik Deutschland und in West-Berlin und nennt Öffnungszeiten, Leitung, Anschrift, Art der Exponate und weitere Besonderheiten: Mörmann, K. (Hrsg.): Der deutsche Museumsführer in Farbe. Museen und Sammlungen in der Bundesrepublik Deutschland und West-Berlin. Krüger, Frankfurt am Main 1979.

Literaturverzeichnis

Ein umfassender Überblick über Quellen und moderne Arbeiten zur Geschichte optischer Instrumente findet sich im 2. Kapitel von G.L.E. Turners Werk: »Essays on the History of the Microscope« (s.u.) (Aufsätze über die Geschichte des Mikroskops).

Auerbach, F.: Das Zeisswerk und die Carl-Zeiss-Stiftung in Jena. Ihre wissenschaftliche, technische und soziale Entwicklung und Bedeutung für weitere Kreise dargestellt. 3. Aufl. Fischer, Jena 1907.

Auerbach, F.: Ernst Abbe. Sein Leben, sein Wirken, seine Persönlichkeit nach den Quellen und aus eigener Erfahrung geschildert. Akad. Verlagsges., Leipzig 1918.

Behrens, W.: Das Mikroskop und die mikroskopischen Nebenapparate. In: Das Mikroskop und die Methoden der mikroskopischen Untersuchung. Hrsg.: Behrens, W., A. Kossel, P. Schiefferdecker. Bruhn, Braunschweig 1889.

Berg, A.: Ernst Leitz. Optische Werke. Wetzlar 1849–1949. Erster Teil: Die Geschichte des Werkes. Zweiter Teil: Die Bedeutung der Mikroskopie für die Entwicklung der Biologie und Medizin. Umschau, Frankfurt am Main 1949.

Berg, A.: Carl Kellner. Der Begründer der optischen Industrie in Wetzlar. Leitz, Wetzlar (1955).

Beyer, H.: Historischer Rückblick. In: Handbuch der Mikroskopie. Hrsg.: Beyer, H. Verlag Technik, Berlin 1973.

Boegehold, H.: Die geschichtliche Entwicklung des Mikroskops. In: Grundzüge der Theorie der optischen Instrumente nach Abbe. Hrsg.: Czapski, S., O. Eppenstein. 3. Aufl. hrsg. Erfle, H., H. Boegehold. Barth, Leipzig 1924.

Bonelli, Maria Luisa Righini: Il Museo di Storia della Scienza a Firenze (Das Museum der Geschichte der Naturwissenschaften in Florenz). Electa Editrice, Mailand 1968.

Bracegirdle, Brian: A History of Microtechnique: The Development of the Microtome and the Development of Tissue Preparation (Eine Geschichte der Mikrotechnik: Die Entwicklung des Mikrotoms und die Entwicklung der histologischen Präparationstechnik). Heinemann, London 1978.

Bradbury, S.: The Evolution of the Microscope (Die Entwicklung des Mikroskops). Pergamon Press, Oxford 1967.

Bradbury, S. und G.L.E. Turner (Hrsg.): Historical Aspects of Microscopy (Historische Aspekte der Mikroskopie). Heffer & Sons for the Royal Microscopical Society, Cambridge 1967.

Brown, Joyce: Mathematical Instrument-Makers in the Grocer's Company 1688–1800 (Hersteller mathematischer Instrumente in der Grocers Company 1688–1800). The Science Museum, London 1979.

Chevalier, Ch.: Die Mikroskope und ihr Gebrauch oder vollständiges Handbuch der Mikrographie, enthaltend eine Beschreibung der neuesten Methoden und Apparate zu mikroskopischen Beobachtungen ... Basse, Quedlinburg und Leipzig 1843.

Clay, R.S. und Court, T.H.: The History of the Microscope Compiled from Original Instruments and Documents, up to the Introduction of the Achromatic Microscope (Die Geschichte des Mikroskops, zusammengestellt nach originalen Instrumenten und Dokumenten, bis zur Einführung des Achromatischen Mikroskops). Griffin & Co, London 1932; Reprint: Holland Press 1976.

Daumas, Maurice: Scientific Instruments of the 17th and 18th Centuries and their Makers (Wissenschaftliche Instrumente aus dem 17. und 18. Jahrhundert und ihre Hersteller). Batsford, London 1972.

Dippel, L.: Das Mikroskop und seine Anwendung. Erster Teil: Bau, Eigenschaften, Prüfung, gegenwärtiger Zustand, Gebrauch (Allgemeines) u.s.w. Vieweg, Braunschweig 1867.

Dippel, L.: Das Mikroskop und seine Anwendung.

Erster Teil: Handbuch der allgemeinen Mikroskopie. 2. Aufl. Vieweg, Braunschweig 1882.

Dippel, L.: Grundzüge der Allgemeinen Mikroskopie. Vieweg, Braunschweig 1885.

Erb, W.: Die Leitz-Werke. Optische Werke Wetzlar. Ihre Geschichte und ihre Bedeutung für den Wetzlarer Raum. Diss., Marburg 1955.

Esche, Paul G.: Carl Zeiss: Leben und Werk. Stadtmuseum Jena, Jena 1966.

Freund, H. (Hrsg.): Geschichte der Mikroskopie. Leben und Werk großer Forscher. Bd. 1: Biologie (1963), Bd. 2: Medizin (1964), Bd. 3: Angewandte Naturwissenschaften und Technik (1966). Umschau, Frankfurt am Main.

Frey, H.: Das Mikroskop und die mikroskopische Technik. Ein Handbuch für Ärzte und Studierende. 2. Aufl. Engelmann, Leipzig 1865.

Frison, Edward: Henri van Heurck Museum: Geillustreerte Inventaris van de Historische microscopen Onderdelen en Uitrusting (Henri van Heurck Museum: Illustriertes Verzeichnis der historischen Mikroskope und mikroskopischen Ausrüstungen) Koninklijke Maatschappij voor Dierkunde van Antwerpen, Antwerpen 1966. Gedruckt in Holländisch, Französisch, Deutsch und Englisch.

Grehn, J.: 125 Jahre Leitz-Mikroskope. Leitz, Wetzlar 1977.

Günther, N.: Ernst Abbe. Schöpfer der Zeiss-Stiftung, 1839–1905 (Große Naturforscher, Bd. 2). Wissenschaftliche Verlagsges. Stuttgart 1951.

Hager, H.: Das Mikroskop und seine Anwendung. Ein Leitfaden bei mikroskopischen Untersuchungen für Beamte der Sanitäts-Polizei, Aerzte, Apotheker, Schullehrer etc. 2. Aufl. Springer, Berlin 1866.

Harting, P.: Das Mikroskop. Theorie, Gebrauch, Geschichte und gegenwärtiger Zustand desselben. Deutsche Originalausgabe vom Verfasser revidiert und vervollständigt. Aus dem Holländischen übersetzt von W. Theile. Vieweg, Braunschweig 1859.

Hartley, W.G.: Hartley's Microscopy (Hartleys Mikroskopie). Senecio Publishing Co, Oxford 1979.

Maistrov, L.E.: Pribory i instrumenty istoritschskogo snatschenija: Mikroskopy (Vorrichtungen und Instrumente von historischer Bedeutung: Mikroskope). Nauka, Moskau 1974.

Merkel, F.: Das Mikroskop und seine Anwendung. Oldenbourg, München 1875.

Michel, K.: Vom Flohglas zum Elektronenmikroskop. Deutsches Museum, Abhandlungen und Berichte, 9. Jg., H. 1, VDI-Verlag, Berlin 1937.

Millburn, John R.: Benjamin Martin: Author, Instrument-Maker and »Country Showman« (Benjamin Martin: Autor, Instrumentenbauer und Volksredner). Noordhoff International Publishing, Leiden 1976.

Mohl, H. v.: Mikrographie oder Anleitung zur Kenntnis und zum Gebrauche des Mikroskops. Fues, Tübingen 1846.

Moser, A.: Anleitung zum Gebrauche des Mikroskops für Aerzte, Naturforscher und Freunde der Natur. Liebmann, Berlin 1839.

Nachet, Maison Nachet: Catalogues de Fonds de 1854 à 1910 mit einer Einführung von G.L.E. Turner (Das Haus Nachet: Lieferbare Geräte von 1854 bis 1910). Editions Alain Brieux, Paris 1979.

Nägeli, C., S. Schwendener: Das Mikroskop. Theorie und Anwendung desselben. Engelmann, Leipzig 1867.

Otto, L.: Durchlichtmikroskopie. Geräte und Verfahren. (S. 405–429: Zur Geschichte des Mikroskops). Verlag Technik, Berlin 1959.

Padgitt, Donald L.: A Short History of the Early American Microscopes (Eine kurze Geschichte der ältesten amerikanischen Mikroskope). Microscope Publications Ltd, Chicago und London 1975.

Petri, R.J.: Das Mikroskop. Von seinen Anfängen bis zur jetzigen Vervollkommnung für alle Freunde dieses Instruments. Schoetz, Berlin 1896.

Purtle, Helen R. (Hrsg.): The Billings Microscope Collection of the Medical Museum Armed Forces Institute of Pathology (Die Billingsche Mikroskop-Sammlung in dem Medizinischen Museum des Pathologischen Instituts der Streitkräfte). American Registry of Pathology, Washington D.C. 2. Aufl. hrsg. vom Armed Forces Institute of Pathology 1974.

Rohr, M. v.: Joseph Fraunhofers Leben, Leistungen und Wirksamkeit. Nach Quellen geschildert. Akad. Verlagsges. Leipzig 1929.

Rohr, M. v.: Zur Geschichte der Zeissischen Werkstätte bis zum Tode Ernst Abbes. Mit Beiträgen von Max Fischer und August Köhler. Sonderabdruck aus den Forschungen zur Geschichte der Optik, Bd. 2 (Beilagenheft zur Zeitschrift für Instrumentenkunde). Springer, Berlin. Zeiss, Jena 1936.

Rohr, M. v.: Ernst Abbes Apochromate. Zur 50. Wiederkehr ihrer ersten Bekanntmachung am 9. Juli 1886. Zeiss, Jena o.J.

Rohr, M. v.: Ernst Abbe. Beiträge zur Geschichte der Universität Jena, H. 8. Fischer, Jena 1940.

Roth, G.D.: Joseph von Fraunhofer: Handwerker, Forscher, Akademiemitglied, 1787–1826 (Große Naturforscher, Band 39). Wissenschaftl. Verlagsges. Stuttgart 1976.

Schacht, H.: Das Mikroskop und seine Anwendung,

insbesondere für Pflanzen-Anatomie. 3. Aufl. G.W.F. Müller, Berlin 1862.
Schomerus, F.: Geschichte des Jenaer Zeisswerkes. 1846–1946. Piscator, Stuttgart 1952.
Seitz, A.: Joseph Fraunhofer und sein optisches Institut. Springer, Berlin 1926.
Taylor, E.G.R.: The Mathematical Practitioners of Tudor and Stuart England (Die praktischen Mathematiker in England zur Regierungszeit der Häuser Tudor und Stuart). Cambridge University Press, Cambridge 1954.
Taylor, E.G.R.: The Mathematical Practitioners of Hanoverian England 1714–1840 (Die praktischen Mathematiker in England zur Regierungszeit des Hauses Hanover von 1714 bis 1840) Cambridge University Press, Cambridge 1966.
Turner, G.L'E.: Essays on the History of the Microscope (Aufsätze über die Geschichte des Mikroskops). Senecio Publishing Co., Oxford 1979.
Turner, G.L'E. und Levere, T.H.: Van Marum's Scientific Instruments in Teyler's Museum (Martinus van Marum: Life and Work. IV) (Die wissenschaftlichen Instrumente des van Marum im Teylerschen Museum. Martinus van Marum: Leben und Werk. IV). Noordhoff International Publishing for the Hollandsche Maatschappij der Wetenschappen, Leiden 1973.
Van Cittert, P.H.: Descriptive Catalogue of the Collection of Microscopes in Charge of the Utrecht University Museum with an Introductory Historical Survey of the Resolving Power of the Microscope (Aufzählung und Beschreibung der Mikroskopsammlung im Utrechter Universitätsmuseum nebst einführendem historischem Überblick über das Auflösungsvermögen des Mikroskops). P. Noodhoff, Groningen 1934.
Van der Star, P.: Descriptive Catalogue of the Simple Microscopes in the Rijksmuseum voor de Geschiedenis der Natuurwetenschappen at Leyden (Aufzählung und Beschreibung der im Reichsmuseum für die Geschichte der Naturwissenschaften in Leiden befindlichen einfachen Mikroskope). Museum, Leiden 1953.
Anmerkung: Der Name »Rijksmuseum voor de Geschiedenis der Natuurwetenschappen« in Leiden wurde im Jahre 1976 in »Museum Boorhave« umgewandelt.
Volkman, H.: Carl Zeiss und Ernst Abbe. Ihr Leben und ihr Werk. Deutsches Museum, Abhandlungen und Berichte. 34. Jg., H. 2. Oldenbourg, München 1966.
Welcker, H.: Ueber den gegenwärtigen Stand des optischen Institutes von C. Kellner in Wetzlar. In: Welcker, H.: Ueber Aufbewahrung mikroskopischer Objecte nebst Mitteilungen über das Mikroskop und dessen Zubehör. Ricker, Giessen 1856.
William, A.A.: Carl Zeiss 1816–1888. 6. Beiheft der Tradition. Bruckmann, München 1967.
Zeis, F., H. Frieß: Carl Zeiss und seine Sippe. Eine Sammlung genealogischer Tatsachen, herausgegeben aus Anlaß des 150. Geburtstages des Werksgründers. Starke, Limburg 1966.
Zeiss, E., F. Zeis: Hof- und Universitätsmechanikus Dr. h.c. Carl Zeiss, der Gründer der Optischen Werkstätte zu Jena. Eine biographische Studie aus der Sicht seiner Zeit und seiner Verwandtschaft. Sippenverband Zeiss, 1966, o.O.
Zimmermann, A.: Das Mikroskop. Ein Leitfaden der wissenschaftlichen Mikroskopie. Deuticke, Leipzig-Wien 1895.

Preise

Geschätzter Marktwert der in diesem Buch abgebildeten Stücke. Die Preise stammen vom November 1980 und bei ihrer Zusammenstellung konnte auf den Rat und die Hilfe des Auktionshauses Christie in South Kensington zurückgegriffen werden.

Objekt	*Wert*		*Abb.*
Zusammengesetztes Mikroskop von Tulley	250–350 £	560–790 $	3
Zusammengesetztes Mikroskop von Ross	600–800 £	1350–1800 $	4
Einfaches Mikroskop von Leeuwenhoek	kein Preis zu ermitteln		15
Einfache Mikroskope; je Stück	30–50 £	68–112 $	21
Flohglas	300–400 £	675–900 $	22
Einfaches Mikroskop von Musschenbroek	1500–2000 £	3375–4500 $	25
Englisches Zirkelmikroskop	400–500 £	900–1125 $	26
Drei Mikroskope vom »Screw-barrel«-Typ; *v.l.n.r.*	300–400 £	675–900 $	
	800–1000 £	1800–2250 $	
	300–400 £	675–900 $	27
Screw-barrel-Mikroskop aus Messing von Cramer	700–1000 £	1575–2250 $	28
Ellissches Wassermikroskop	250–350 £	560–790 $	29
Präpariermikroskop, gebaut nach einer Konstruktion von Lyonnet	400–500 £	900–1125 $	30
Drei Naturforscher-Mikroskope; pro Stück	100–150 £	225–338 $	32
Vier Zusammengesetzte Mikroskope;			
Originale pro Stück	400–600 £	900–1350 $	
Nachbildungen pro Stück	50–100 £	112–225 $	34
Englisches Dreifußmikroskop	2000–3000 £	4500–6750 $	36
Frühe Ausführung des Culpeperschen Dreifuß-Mikroskops	1000–1500 £	2250–3375 $	38
Mikroskop des Culpeperschen Typs von Wright	1000–1500 £	2250–3375 $	39
Drei Mikroskope vom Culpeperschen Typ; *v.l.n.r.*	700–1000 £	1575–2250 $	
	600–800 £	1350–1800 $	
	500–700 £	1125–1575 $	40
Drei Trommelmikroskope von Martin; pro Stück	400–600 £	900–1350 $	42
Trommelmikroskop von Lennie	80–120 £	180–270 $	43
Nürnberger Dreifuß- und Trommelmikroskop	400–600 £	900–1350 $	44
Zusammengesetztes Mikroskop von Marshall	2000–2500 £	4500–5600 $	47
Mikroskop vom Yarwellschen Typ	1000–2000 £	2250–4500 $	48
Cuffsches Mikroskop	1000–1500 £	2250–3375 $	49
Mikroskop des Cuffschen Typs von Mann & Ayscough	700–1000 £	1575–2250 $	52
Mikroskop des Cuffschen Typs von Passement	700–1000 £	1575–2250 $	53
Zwei Mikroskope des Cuffschen Typs vom Europäischen Festland; pro Stück	700–900 £	1575–2250 $	54
Kastenmikroskop von Nairne	1200–1800 £	2700–4050 $	55
»Universelles Doppelmikroskop« von Adams	2500–3000 £	5625–6750 $	56
Universalmikroskop von Martin	2000–2500 £	4500–5626 $	58

Objekt	*Wert*		*Abb.*
»Universelles Zusammengesetztes Mikroskop« von Adams	700–900 £	1575–2025 $	60
»Am meisten verbessertes Mikroskop« von Jones	500–700 £	1125–1575 $	62
Zwei Taschenmikroskope vom Caryschen Typ; pro St.	200–300 £	450–675 $	63
No.-1-Mikroskop von Powell & Lealand	1800–2200 £	4050–4950 $	64
Großes Zusammengesetztes Mikroskop von Ross	600–800 £	1350–1800 $	67
Sechs Objektive; *für die ersten fünf*	20–30 £	45–68 $	
für das äußerste rechte	10–15 £	23–34 $	68
»Universal Microscope« von Smith, Beck & Beck	150–200 £	338–450 $	69
»Large-Best«-Mikroskop von Beck	600–800 £	1350–1800 $	70
Zusammengesetztes Mikroskop von Powell & Lealand	1000–1500 £	2250–3375 $	71
Zwei Studentenmikroskope von Carpenter & Westley und von Powell & Lealand; pro Stück	60–100 £	135–225 $	72
Mikroskop von Abraham & Dancer	400–500 £	900–1350 $	73
Mikroskop für Medizinstudenten von Ladd	100–150 £	225–338 $	74
Petrographisches Mikroskop von Swift	350–500 £	790–1125 $	75
Von der Society of Arts mit einem Preis ausgezeichnetes Mikroskop für Unterrichtszwecke	120–150 £	270–338 $	76
Studenten-Mikroskop »Edinburgh« von Watson	100–200 £	225–450 $	77
Horizontal-Mikroskop von Chevalier	700–1000 £	1575–2250 $	78
Mikroskop von Fraunhofer	2000–3000 £	4500–6750 $	79
Katadioptrisches Mikroskop (Spiegelmikroskop) von Cuthbert	1500–2000 £	3375–4500 $	81
Katadioptrisches Mikroskop (Spiegelmikroskop) von Amici	2000–3000 £	4500–6750 $	80
Präpariermikroskop von Zeiss	100–150 £	225–338 $	82
Trommelmikroskop von Oberhäuser	100–200 £	225–450 $	83
Großes Mikroskop von Nachet	350–500 £	790–1125 $	84
Zwei Trommelmikroskope von Chevalier & Nachet; pro Stück	70–100 £	158–225 $	85
Chemisches Mikroskop von Nachet	150–250 £	338–560 $	86
Taschenmikroskop von Nachet	100–200 £	225–450 $	87
Mikroskop von Plössl	1000–1500 £	2250–3375 $	88
Mikroskop von Schiek	700–900 £	1575–2025 $	89
Zwei unsignierte italienische Mikroskope; pro Stück	200–300 £	450–675 $	90
Zusammengesetztes Mikroskop von Jaubert	250–350 £	560–790 $	91
Amerikanisches Mikroskop von Tolles	300–500 £	675–1125 $	92
Mikroskop von Leitz	140–180 £	315–405 $	93

Objekt	*Wert*		*Abb.*
Mikroskop von Beck	80–100 £	180–225 $	94
Zwei Mikroskope von Zeiss; *links*	60–80 £	135–180 $	
rechts	150–200 £	338–450 $	95
Zwei Silber-Mikroskope von Watkins	4000–5000 £	9000–11250 $	96
Englische, kastenförmige Camera Obscura und Scioptischer Ball; *Camera Obscura*	1000–1500 £	2250–3375 $	
Scioptischer Ball	1000–1500 £	2250–3375 $	97
Zwei englische Sonnenmikroskope; *links*	400–500 £	900–1125 $	
rechts	600–900 £	1350–2025 $	98
Zusammengesetztes Mikroskop samt Zubehör von Carpenter	700–900 £	1575–2025 $	103
Zusammengesetztes Mikroskop samt Zubehör von Jones	600–800 £	1350–1800 $	106
Van-Heurck-Mikroskop »Circuit Stage« von Watson	400–500 £	900–1125 $	114